LA PLANÈTE SE RÉCHAUFFE !

COMPRENDRE POUR MIEUX LUTTER

PRÉFACE

Fallait-il prendre un homme de météo pour parler de climat ? Si cette question paraît saugrenue, elle ne l'est en fait qu'en apparence, tant la confusion entre le temps d'aujourd'hui – la météo – et le temps moyen – le climat – est fréquente, alimentant nombre d'incompréhensions ou de controverses infondées.

Fallait-il confier à un grand amateur de calembours le soin de rédiger un ouvrage sur un sujet aussi sérieux ? La réponse est bien sûr dans l'ironie de la question : l'humour est le meilleur des alliés quand le constat demande d'être grave, ou quand il s'agit de motiver les grands fainéants que nous savons tous être pour changer nos habitudes. Soit dit en passant, le côté « père Fouettard » de nombre de militants de la cause environnementale les dessert probablement plus sûrement que toute savante argumentation de leurs contradicteurs... Si rire un peu nous aide à en prendre conscience et à accepter les contraintes que nous devons nous imposer pour que l'avenir soit plus clair, alors rions !

Fallait-il commencer par le passé pour mieux comprendre ce que le futur pourrait nous réserver si nous n'y prenons garde ? Ce cheminement chronologique, on ne peut plus classique, est indispensable pour savoir de quelle manière le climat peut changer sous l'effet des seuls éléments naturels et comprendre ce que pourrait signifier une variation de la moyenne planétaire de quelques degrés en un siècle.

Fallait-il, enfin, conclure en parlant de « développement durable », expression accommodée à tant de sauces qu'elle en est parfois devenue vide de sens ? Même si la formule elle-même est largement critiquable, notamment parce qu'elle permet souvent de minimiser les efforts qui seront à faire, la sincérité et la qualité de l'auteur ne font aucun doute : cela fait de nombreuses années qu'il se passionne – et s'inquiète – pour le changement climatique annoncé. Espérons que son passage de l'oral – et du visuel – à l'écrit séduira ses fidèles qui doivent normalement être quelques millions, au moins !

À propos de millions, la plus grande bizarrerie de cet ouvrage sera sans aucun doute d'avoir confié la préface à un illustre inconnu qui peut péniblement revendiquer une notoriété mille fois moindre, mais on vous aura prévenus : le changement climatique, ce sera beaucoup de surprises ! Tout le but de l'affaire sera justement d'éviter les mauvaises, et j'espère que la lecture de ce livre vous donnera envie d'y contribuer.

Jean-Marc Jancovici

Ascension des dunes dans le désert de Namib (Namibie).

INTRODUCTION

L'enjeu est de taille, il est vital, il y a un avenir à inventer si nous voulons survivre au développement chaotique actuel. Nous devons changer de comportement et nous orienter vers un développement durable.
Il faut passer rapidement à une «société de consommation maîtrisée»... C'est la seule issue!
Nous ne sommes que locataires de ce local Terre... La Terre, nous l'empruntons à nos parents et nous devons la rendre à nos enfants... mais en bon état!
Cela dit, il ne faut pas se tromper de combat, ce n'est pas la planète qu'il faut sauver, la Terre continuera encore d'exister durant quelques milliards d'années, mais sans vie, sans nous, si nous continuons à pourrir son atmosphère.
L'espèce humaine est en danger de mort car le dérèglement climatique est plus rapide que l'aptitude de l'homme à opérer une mutation.
La nature nous alerte pourtant avec, depuis quelques années, des phénomènes météorologiques de plus en plus fréquents et intenses: tempêtes, cyclones, inondations, sécheresses et canicules.
L'effet de serre, en grande partie provoqué par l'émission du gaz carbonique dans l'atmosphère, hypothèque notre futur. Il faut réagir et agir avant qu'il ne soit trop tard. Il n'est pas question de retourner à l'âge de pierre, mais nous pouvons, nous devons modifier notre comportement.
Ce livre explique tout et propose des solutions simples et efficaces, loin des utopies écologistes intégristes.
Utiliser plus d'énergies renouvelables et faire encore plus d'économies d'énergie. Par exemple, instituer une taxe «carbone» pour les gros pollueurs, les inconscients qui font des enfants sans concevoir leur avenir!
Pour comprendre le présent et l'avenir, il est indispensable de connaître le passé. Vous trouverez donc dans ce livre une reconstitution historique de la météo depuis que la planète existe, explication du et des climats, et enfin une description du réchauffement climatique et de son impact sur la Terre.
Lutter contre le dérèglement climatique à l'aide du développement durable, c'est nous éviter des sueurs froides mais c'est, surtout, respecter la vie des générations futures.

Patrice Drevet

Nuage cirrus dans le ciel.

LE TEMPS…
QU'IL FAISAIT DANS LE TEMPS

La nature a horreur du vide, dès qu'il y a un trou, l'air s'y engouffre, on appelle cela le vent… Et ce qui est dans le vent, aujourd'hui, c'est le dérèglement climatique, car le vent est de plus en plus chaud…

Le climat, c'est le rendez-vous des vents, des températures, de l'humidité, de l'ensoleillement, des précipitations, des pressions atmosphériques, en un lieu donné et durant une certaine période.

Le climat, c'est donc le temps qu'il fait en moyenne sur une période donnée.

La climatologie, c'est l'étude du climat sur les différentes parties de notre planète.

La paléoclimatologie, c'est l'étude des climats du passé, du début de la formation de notre planète, il y a 4,6 milliards d'années environ, jusqu'à aujourd'hui.

Page précédente:
Un coucher de soleil ou un lever, peu importe du moment qu'il y en a beaucoup d'autres…

« Que d'eau ! Que d'eau ! 97 % de la Terre est salé, mais l'homme est plus préoccupé par l'épaisseur des nuages que par la profondeur de la mer… » (Proverbe drevetien).

L'histoire mouvementée des climats de la Terre

Il existe des tas de pistes pour enquêter sur les climats du passé. On y rencontre des témoins très bavards comme les sédiments et les glaces, d'autres dont la mémoire remonte à des milliards d'années, comme les roches, d'autres encore, comme des arbres vivants qui n'ont que quelques siècles d'existence, mais qui transmettent aussi des éléments précis pour connaître le temps qu'il faisait il y a 500 ou 600 ans…

C'est en compilant tous ces témoignages que l'on arrive à reconstituer l'histoire de notre climat, très finement pour la période du quaternaire supérieur, en quelques points pour le tertiaire, et très sommairement au-delà de 700 millions d'années avant note ère, âge des plus vieux sédiments. Les informations venant des plus anciens terrains qui affleurent nous permettent de remonter dans le temps jusqu'à 3,8 milliards d'années.

Le climat de la Terre est lié à la distribution de l'énergie solaire à la surface du globe, chaud à l'équateur et froid aux pôles, de même pour l'humidité et les pluies. Il est humide à l'équateur, sec aux tropiques, humide dans les zones tempérées et sec aux pôles. Certaines espèces de roches émergent dans des conditions climatiques spécifiques. Par exemple, le charbon se forme dans les endroits humides, la bauxite là où il fait chaud et humide, les calcites, variété stable du carbonate de magnésium, apparaissent là où il fait chaud et sec, et les tillites, roches sédimentaires déposées par des glaciers, se créent là où il fait humide et froid. La localisation de ces roches anciennes nous renseigne donc sur la nature des climats du passé.

Ainsi, si on sait que la Terre a 4,6 milliards d'années, c'est grâce aux zircons, des minéraux retrouvés dans des roches de formation beaucoup plus récente.

Depuis la nuit des temps, le climat a bougrement changé, il faut noter que le temps a eu le temps de changer, la preuve…

Résumé de l'histoire des origines de la vie…

Au commencement de l'histoire de la Terre, il faisait très chaud, et l'atmosphère n'était pas respirable pour des poumons d'aujourd'hui. C'est alors que le dégazage du manteau terrestre a relâché énormément de vapeur d'eau et de CO_2 dans l'atmosphère. La vapeur s'est condensée sous l'effet de la chaleur et les pluies diluviennes qui s'en suivirent

Il a fallu des milliards d'années et une stabilisation climatique pour que la vie apparaisse sur la Terre. Aujourd'hui, en quelques dizaines d'années, l'homme est en train de détruire son environnement et, par là même, sa survie sur la Terre, qui, elle, de toute façon, existera encore dans 4 ou 5 milliards d'années.

Blizzard sur la banquise.

ont donné naissance aux océans. Cette soupe chaude, dans les 70 °C, présentait les conditions idéales pour que la vie puisse apparaître sous forme de bactéries. Mais il a fallu encore attendre plus d'1 milliard d'années avant que les fameuses algues bleutées commencent à transformer le CO_2 en oxygène pour donner naissance à l'atmosphère que nous connaissons. Ce qui, bien évidemment, a fait diminuer l'effet de serre et abaisser la température de la Terre, jusqu'à ce qu'on voit apparaître les premiers glaciers, il y a 3 milliards d'années.

C'est à la même période que s'est formée la couche d'ozone stratosphérique. En filtrant le rayonnement ultraviolet, elle a permis à la vie de coloniser la terre ferme.

L'alternance du chaud et du froid

Il y a 2,3 milliards d'années, la Terre a connu ses premiers grands froids. Refroidissement qui a duré plusieurs millions d'années, si bien que les calottes polaires ont peu à peu rejoint les tropiques. La glace a alors réfléchi une grande partie des rayons solaires qui ont été renvoyés dans l'espace sans réchauffer la Terre... Du coup, le refroidissement s'est accéléré. Les glaciers ont gagné l'équateur ! Les océans ont gelé jusqu'à 1 000 mètres de profondeur !

Heureusement, les volcans étaient là pour rallumer le chauffage en relâchant d'énormes quantités de CO_2 dans l'atmosphère. Grâce à l'effet de serre alors provoqué, les températures sont devenues plus clémentes, permettant aux végétaux de coloniser la Terre.

Cela ne dura pas. Les continents étaient en train de se séparer quand survint une nouvelle vague de glaciation qui a provoqué l'extinction de nombreuses espèces d'animaux pluricellulaires.

Tandis que les continents se retrouvaient pour former le Gondwana (supercontinent), la teneur en CO_2 a lentement augmenté. La Terre s'est à nouveau réchauffée et les formes de vie ont pullulé. C'est alors que survint de nouveau, il y a environ 300 millions d'années, une nouvelle glaciation. La rareté des couches géologiques et l'absence de données paléontologiques précises ne permettent pas à ce jour d'en cerner la raison avec certitude, peut-être une baisse brutale du niveau de la mer accompagnée d'une intense activité volcanique. Son effet

Couche de nuages entre le Soleil et la surface de la Terre. C'est une forme d'effet de serre.

sur la biodiversité est, par contre, mieux connu. Cette glaciation a provoqué une hécatombe inédite à ce jour : plus de 90 % des centaines de millions d'espèces animales et végétales ont soudainement été éradiquées ! Voilà qui devrait nous faire réfléchir, car on ne peut pas jouer impunément avec le climat !

Les différents climats de l'histoire de la Terre

Un peu d'histoire contemporaine maintenant : au début du XIXe siècle, l'astronome serbe Milankovic a démontré que la température moyenne de la Terre varie selon un cycle. Ce cycle de glaciation trouve son origine dans des périodes de 100 000 ans, de 40 000 ans et de 20 000 ans, caractéristiques respectivement des variations de l'excentricité de l'orbite terrestre (ovalisé), de l'inclinaison de l'axe de rotation de la Terre (la nutation) et de la rotation de cet axe (précession). Les climats de la Terre se sont stabilisés depuis cette alternance, il y a environ 1,5 million d'années.

Page précédente : Les nuages et la vapeur d'eau contribuent à l'effet de serre. Mais il en faut ni trop ni trop peu, même si cela idéalise le paysage.

Volcan. Le chauffage central de la Terre.

CE QUI FAIT FROID DANS LE DOS…

C'est que la moyenne des températures a augmenté de 1 °C en une centaine d'années depuis l'apparition de l'industrialisation, vers 1850.
À ce rythme-là, il y aura 500 °C en plus dans 50 000 ans, il fera donc 515 °C en moyenne sur la Terre… et ce sera l'enfer ! Mais c'est, heureusement, impossible car, dans 250 ans, il n'y aura plus de combustibles fossiles, donc plus de CO_2… Cela va en faire bondir plus d'un si je vous dis qu'il faudrait stocker du CO_2.
Sinon, on repartira vers une période glaciaire !

Petite rétrospective chronologique des climats

LE PRÉCAMBRIEN ET LE DÉBUT DE L'ÈRE PRIMAIRE

– 12 milliards d'années.
Big Bang
et naissance de l'Univers.
Début de la formation
du système solaire
et de la Terre.

LE PRÉCAMBRIEN
De – 4,6 milliards d'années.
à – 540 millions d'années.
« L'ère » du précambrien
dans l'échelle géologique
se divise en trois entités :

L'Hadéen
De – 4,6
à – 3,85 milliards d'années.
Formation de la Terre avec
les roches les plus anciennes
connues sur la planète.
Entre 12 et 14 °C en moyenne…
La vie ne peut se développer
qu'à la fin, quand la Terre
se refroidit et que l'eau atteint
son état liquide.

L'Archéen
De – 3,85
à – 2,5 milliards d'années.
Il se met à pleuvoir, l'eau
remplit les dépressions
et forme des océans,
les continents émergés
ne sont pas encore stabilisés.
Entre 14 et 12 °C.
Bactéries et algues primitives.

Le Protérozoïque
De – 2,5 milliards d'années.
à – 540 millions d'années.
Étymologiquement « première
vie », période de la formation
des continents.
Entre 12 et 22 °C.
Gros réchauffement.
Cellules utilisant l'oxygène
et cellules à noyau.

LE CAMBRIEN
De – 540
à – 505 millions d'années.
Le climat est très mal défini.
Il est probablement plutôt
chaud, aux alentours de 22 °C.
Il n'y a pas de glace aux pôles…
Apparition des éponges,
méduses et algues.

L'ORDOVICIEN
De – 505
à – 438 millions d'années.
Au début de cette période
le climat est encore chaud,
toujours aux alentours
de 22 °C.
Les océans ont inondé
les continents avec
pour conséquence la création
de voies maritimes chaudes
au niveau des tropiques,
et puis, vers – 450 millions
d'années, chute brutale
des températures en quelques
millions d'années, pour arriver
aux alentours de 12 °C…
La Terre devient un véritable
réfrigérateur, la calotte
des terres du Sud s'étend
jusqu'en Afrique et
en Amérique du Sud.
Après la fin de la formation
des glaciers, il y a 439 millions
d'années, le niveau des océans
baisse, puis remonte avec
la fonte de ces mêmes glaciers
au début du Silurien.
À cette époque, la vie n'a
pas encore quitté l'océan,
aussi plus de 60 % des espèces
disparaissent.
Le climat sur les terres du Nord
est chaud et ensoleillé…
Apparition des plantes
structurées.

L'ÈRE PRIMAIRE

LE SILURIEN
De – 438
à – 408 millions d'années.
Réchauffement climatique,
on retrouve des températures
proches de 22 °C.
Les récifs coralliens
prospèrent au Sud,
sous le Soleil exactement…,
mais la calotte glacière du Sud
résiste. Douceur au Nord !
Végétaux et insectes
hors de l'eau.

LE DÉVONIEN
De – 408
à – 360 millions d'années.
Cela commence en chaleur
avec 22 °C et cela finit
en douceur avec 19 °C.
Au début, conditions sèches
au Nord, mers fraîches
et tempérées au Sud.
Puis, vers – 385 millions
d'années, les premières pluies
équatoriales font fleurir
des plantes.
À la fin de cette période,
la Pangée, réunion de
toutes les terres émergées,
commence à se former.
Il fait encore froid vers
le pôle Sud où sont localisés
les principaux glaciers…
Sortie des eaux des vertébrés.

LE CARBONIFÈRE
De – 360
à – 295 millions d'années.
Entre 19 °C et 12 °C.
Climat tempéré avec une légère
glaciation vers la fin
de cette période. La Pangée,
terres émergées réunies en
ce que l'on pourrait comparer
à un seul continent, se déplace
vers le Nord. Les grandes forêts
tropicales et équatoriales
se développent et forment peu
à peu les matières à base
de carbone qui nous fourniront
l'énergie fossile d'aujourd'hui.
Les déserts du Nord et du Sud
se rétractent et les glaciers
du pôle Sud remontent vers
le Nord. Vers – 300 millions
d'années importante glaciation,
mais la vie continue…

LE PERMIEN
De – 295
à – 245 millions d'années.
Le réchauffement climatique
le plus impressionnant
de l'histoire de la planète,
on passe de 12 °C à plus
de 24 °C, mais attention
en quelque 40 millions
d'années…
Du coup, expansion
des amphibiens !

→ ENCORE PLUS FORT
DANS LA COMPARAISON :
pendant cette période,
la température moyenne
a augmenté de 12 °C
en 40 millions d'années
et aujourd'hui la température
moyenne a augmentée
de 1 °C en 100 ans…
Cela laisse rêveur…

Ou comment imaginer la météo d'il y a longtemps, avant les bulletins météo à la télévision!
Mais, attention, grande imprécision en ce qui concerne les prévisions météo de l'époque!
Ce n'est pas comme aujourd'hui... Commençons par le commencement...
Toutes ces dates ne sont bien évidemment pas garanties à 1 an près...

L'ÈRE SECONDAIRE

LE TRIAS

De – 245 à – 205 millions d'années.
Après la période la plus chaude, l'effet de serre a provoqué la disparition de la plupart des espèces. À l'intérieur des terres, il fait chaud et sec, environ 22 °C.
Aux pôles, on trouve un climat tempéré. Les mers montent, montent, montent...
Expansion des amphibiens et des reptiles!

LE JURASSIQUE

De -205 à -144 millions d'années.
Au début, les températures avoisinent les 22 °C et vers la fin du Jurassique, elles frôlent les 15 °C, en moyenne, comme aujourd'hui... Le climat est partagé entre grandes moussons, déserts, forêts tropicales humides et chaudes et beaucoup de vent, certaines régions sont luxuriantes et verdoyantes. Apparition des reptiles mammaliens.
Envol des oiseaux.

LE CRÉTACÉ *

De – 144 à – 65 millions d'années.
La Terre fait connaissance avec des saisons. Les forêts tempérées et les forêts boréales couvrent les régions polaires.
Mais, en plein milieu du Crétacé, il y a donc 100 millions d'années, la quantité de gaz carbonique est 4 fois plus importante qu'en 1850 (avant la Révolution industrielle), et la moyenne des températures est plus chaude qu'aujourd'hui, environ 22 °C!
Il n'y a plus de glace et c'est l'apparition des plantes à fleurs. Diversification des mammifères primitifs avant la brusque disparition des dinosaures à la toute fin du Crétacé.

→ *LA DISPARITION DES DINOSAURES... L'ÉNIGME!
Il y a environ 65 millions d'années a eu lieu un brutal refroidissement du climat (en 2 millions d'années quand même...), provoqué soit par un obscurcissement du ciel dû à la projection de poussières dans l'atmosphère (activité volcanique ou chute de météorites), soit par un réchauffement ayant entraîné la montée des océans de plus de 200 mètres par rapport à aujourd'hui. Cette crue planétaire aurait provoqué, entre autres, l'extinction des dinosaures. D'autant plus qu'à la fin du Crétacé, une dérive spectaculaire des continents a eu lieu. Ces dérives provoquent des tremblements de terre, des éruptions volcaniques, un changement de climat et un changement de niveau des océans. Cela dit, cette extinction d'espèces n'est pas la première et ne sera pas la dernière de l'histoire de la Terre. Il y a eu cinq extinctions de masse et aujourd'hui, il ne reste que 1 % des espèces qui ont habité la Terre avant nous. Il semble d'ailleurs que ces extinctions massives participent à l'évolution de la vie.

L'ÈRE TERTIAIRE

LE PALÉOCÈNE

De – 65 à – 53 millions d'années.
Températures toujours très chaudes, en moyenne 20 à 22 °C.
Les palmiers poussent au Nord, au Sud la mangrove prolifère...

L'ÉOCÈNE

De – 53 à – 34 millions d'années.
L'éocène subit un net refroidissement et une sécheresse à l'intérieur des terres.
Chute de 10 °C de la température des mers, début de la formation de la chaîne des Alpes.
Extinction des mammifères archaïques et apparition des mammifères modernes...

L'OLIGOCÈNE

De – 34 à – 23,5 millions d'années.
La glace recouvre le pôle Sud mais pas le pôle Nord.
Les forêts tempérées chaudes couvrent les terres du Nord.
Expansion des primates modernes et âge d'or des hominoïdes.

LE MIOCÈNE

De – 23,5 à – 5,3 millions d'années.
Le climat est semblable à celui d'aujourd'hui, mais plus chaud.
Les climats mieux définis se positionnent des pôles à l'équateur, cependant, il y a des palmiers et des alligators au nord de l'Europe.
L'Australie est alors moins aride qu'elle ne l'est maintenant.

LE PLIOCÈNE

De – 5,3 à – 1,64 millions d'années.
Températures en baisse, le climat se dirige en quelques millions d'années vers une période de glaciation...
Lucy et les hominoïdes (– 3 millions d'années).

L'ÈRE QUATERNAIRE

LE PLÉISTOCÈNE

De – 1, 64 million d'années à – 10 000 ans.
Période glaciaire, moyenne des températures vers 12 °C.
Homme de Néandertal, vers – 18 000 ans, dernier maximum glaciaire.

LE HOLOCÈNE

– 10 000 ans à aujourd'hui.
Fonte des glaciers, élévation du niveau des océans de 70 mètres, ce qui modifie le tracé des côtes pour aboutir à celui que nous connaissons...Le climat est à peu près le même qu'aujourd'hui.
Depuis 1 000 ans, la Terre se refroidit lentement, comme le prouve la baisse des températures, il y eut même un petit âge glaciaire vers 1460..., mais brusquement, vers 1850, avec l'utilisation des énergies fossiles, charbon, pétrole et gaz, nous assistons à un réchauffement.

Transparence
des lumières,
fraîcheur et chaleur,
des équilibres parfaits
que la nature
nous offre…

Au fait le climat, c'est quoi ?

Issu du grec *klima*, le mot « climat » signifie « inclinaison d'un point de la Terre par rapport au Soleil ». Les Grecs avaient compris, les premiers, que le soleil cogne plus fort aux environs de l'équateur que vers les pôles. Depuis, les connaissances humaines ont considérablement progressé et nous savons à présent que le Soleil n'est qu'une des composantes du système climatique. Et c'est bien là que ça se complique ! Car le climat est aussi le rendez-vous des vents, des températures, de l'humidité, des précipitations, des pressions atmosphériques, de la biodiversité, des courants marins, de la mécanique céleste, des glaces, des continents... Constamment, ces phénomènes interagissent entre eux, faisant la pluie, mais aussi le beau temps sur la Terre.

En pratique, on appelle « climat » le temps qu'il fait en un lieu donné de la Terre, sur une période donnée. Généralement, cette période est d'une trentaine d'années, ce qui permet d'établir une valeur moyenne stable et de déceler, par la même occasion, les valeurs qui s'écartent de cette moyenne.

C'est cette moyenne qui permet de constater que les dix dernières années ont été nettement plus chaudes que les normales saisonnières et que notre climat s'est déjà réchauffé de plus de 1 °C depuis le début de l'ère industrielle !

Et le climat, comment ça marche ?

L'ensoleillement

La vision des premiers Grecs était certes incomplète, mais pas totalement fausse. L'ensoleillement est en effet le premier moteur de la machine climatique. Pour autant, le Soleil n'est pas responsable du réchauffement climatique. L'ensoleillement aurait même tendance à diminuer puisque, de ce point de vue-là, nous devrions nous diriger vers une époque glaciaire d'ici quelques dizaines de milliers d'années. Hélas, ce n'est pas vraiment le chemin que nous prenons...

L'ensoleillement que reçoit la Terre varie selon les saisons, en fonction de son axe de rotation, mais aussi selon de très longs cycles d'alternance entre

…du Nord au Sud,
où le Soleil chauffe
plus ou moins fort.

Tempête sur la presqu'île de Quiberon (France).

les périodes glaciaires. Il varie aussi selon le lieu. Au niveau de l'équateur, le rayonnement solaire est très fort, alors qu'il est très faible au niveau des pôles. Comme la Terre est ronde, plus l'on s'éloigne de l'équateur qui reçoit le Soleil de face, plus les rayons solaires frappent la surface terrestre en oblique. Ils se trouvent ainsi répartis sur une plus large surface et sont donc moins concentrés.

Cette différence d'ensoleillement génère une accumulation de chaleur dans la ceinture tropicale qui se répartit ensuite en direction des pôles. Si cette répartition se faisait de manière linéaire et progressive, nous autres présentateurs météo serions au chômage ! Heureusement, ce n'est pas le cas ! D'autres facteurs s'en mêlent : les vents, les courants marins, les différences de pression et tout un tas de trucs qui rendent le climat très capricieux.

Le manège Coriolis

La chaleur accumulée sous les tropiques est redistribuée vers les pôles par l'atmosphère et les océans à parts égales. Les trajectoires de ces transports d'énergie sont influencées par le fait que la Terre tourne. Imaginez que vous grimpiez sur un manège tournant à vive allure et que vous jetiez un caillou au loin. La force de rotation du manège imprimerait alors une trajectoire courbe à votre projectile.

Cette force d'inertie, mise en évidence au début du XIXe siècle par le mathématicien français Gustave Gaspard Coriolis, dévie la trajectoire de tout corps se déplaçant à la surface ou au-dessus d'un corps en rotation sur lui-même.

Sur l'équateur, la force de Coriolis est quasiment nulle. C'est à partir des tropiques que son influence se fait sentir. Dans l'hémisphère Nord, vents et courants marins sont déviés vers la droite et, dans l'hémisphère Sud, vers la gauche. L'air en mouvement dans l'atmosphère est ensuite confronté aux différences de pression. C'est ainsi que dans l'hémisphère Nord, autour d'un anticyclone, la circulation d'air se fait dans le sens des aiguilles d'une montre, et dans le sens contraire autour d'une dépression. Bien évidemment, c'est l'inverse dans l'hémisphère Sud. C'est ce qui anime aussi les vents au si joli nom d'alizés.

Détroit du Prince Régent au soleil couchant (Canada).

Vue de la planète Terre, depuis un satellite artificiel.
Belle dépression au sud de l'Islande et au large de l'Irlande.

« Atmosphère… atmosphère… » C'est quoi une gueule d'atmosphère ?

L'atmosphère, c'est la couche d'air qui entoure le globe terrestre. Elle agit à la fois comme un filtre en ne laissant passer que certains rayonnements émis par le Soleil et comme un régulateur qui tend à égaliser les températures à la surface de la Terre.

C'est essentiellement là que se trame le réchauffement climatique.

Principalement constituée de gaz, l'atmosphère contient 78,11 % d'azote, 20,95 % d'oxygène et 0,93 % d'argon. Les autres gaz qui entrent dans sa composition sont présents en si petites quantités qu'on les nomme gaz mineurs et que l'on exprime leur concentration non plus en pourcentage, mais en ppmv (parties par million en volume).

On y trouve aussi, notamment, de la vapeur d'eau dont la concentration est variable, le fameux CO_2 ou dioxyde de carbone (notre adversaire principal dans la lutte contre le réchauffement climatique, on aura l'occasion de reparler de lui…), ainsi que du néon, de l'hélium, du méthane (redoutable celui-là aussi), du krypton, de l'hydrogène, du monoxyde et du dioxyde d'azote, du xénon, de l'ozone, de l'iode et même quelques traces de monoxyde de carbone et d'ammoniac.

L'atmosphère renferme aussi un grand nombre de particules en suspension, parmi lesquelles des cristaux de sel de mer, des poussières volcaniques et industrielles, de microscopiques grains de sable, du pollen, des spores, etc.

Tous ces éléments, nous le verrons au fil des pages, jouent leur rôle dans le réchauffement climatique.

Notre futur proche sera chaud, une chaleur comme la planète n'en a jamais connue !

L'effet de serre, cela sert… À condition de ne pas en abuser !

Heureuses sont les plantes dans la douceur de la serre…

Les rayons du soleil traversent les vitres et caressent leurs feuilles avant d'être absorbés par le sol et de se transformer en une douce chaleur qui reste piégée par le verre.

Pendant ce temps, un chien, enfermé dans la voiture en plein soleil, expérimente le même phénomène. Il n'en tire

LE TROU DANS LA COUCHE D'OZONE

À la fin des années 70, les scientifiques ont remarqué que la couche d'ozone stratosphérique diminuait périodiquement au-dessus de l'Antarctique. Les coupables furent rapidement identifiés : les CFC, gaz produits artificiellement et utilisés dans l'industrie du froid, les bombes aérosols et certains solvants. Bien que ces gaz soient aujourd'hui interdits, le trou de la couche d'ozone ne cesse de se reformer chaque été, toujours plus grand. Ceci pour plusieurs raisons : les CFC continuent d'être utilisés illégalement et leur durée de vie dans l'atmosphère est de 70 ans, de plus l'ozone est sensible aux traînées de condensation laissées par les avions.

Quelques secondes avant l'éclipse totale au-dessus de la cité antique d'Éphèse (Turquie).

cependant pas le même plaisir. Haletant, la langue tombante, il ne tardera pas à suffoquer si personne n'intervient pour le libérer de ce four !

Monsieur de La Fontaine aurait pu en faire une fable, vous l'avez compris, le chien, c'est nous.

La découverte de l'effet de serre

La découverte des mécanismes de l'effet de serre remonte au XVIIIe siècle avec Horace Bénédict de Saussure, puis Joseph Fourier qui mettent en évidence ses principes mécaniques. Mais il faudra attendre les travaux de John Tyndall, en 1860, pour connaître les gaz responsables de cet effet. Ce physicien irlandais, déjà connu pour avoir expliqué la couleur bleue du ciel, montre que l'effet de serre est essentiellement dû à la vapeur d'eau et, dans une moindre mesure, au CO_2. Selon lui, toute variation de la quantité de ces gaz devrait se traduire par un changement climatique. À cette époque, les hommes de science étaient déjà passionnés par les problèmes climatiques et s'interrogeaient sur les causes des changements de climat entre les périodes glaciaires.

Quelques années plus tard, en 1896, le savant suédois, Svante Arrhénius, prix Nobel de chimie, publie un traité dans lequel il démontre qu'une diminution de la concentration de CO_2 dans l'atmosphère entraînerait un refroidissement qui ferait diminuer à son tour la quantité de vapeur d'eau et produirait ainsi une nouvelle chute de température.

Il faut dire qu'à cette époque la grande crainte des savants était le retour d'une période glaciaire. Dans ce contexte, les découvertes d'Arrhénius étaient fort rassurantes, car il faisait le lien entre l'essor des industries qui utilisent des combustibles fossiles et l'augmentation de CO_2 dans l'air. Selon lui, ces émissions humaines de dioxyde de carbone pourraient nous permettre de repousser une nouvelle glaciation ! Arrhénius ne croyait pas si bien dire. Il ne pouvait imaginer que notre boulimie d'énergie serait telle qu'un siècle plus tard, la planète serait réchauffée de presque 1 °C ! Aujourd'hui, les scientifiques s'accordent pour affirmer que nos émissions de gaz à effet de serre sont principalement responsables du réchauffement de la planète.

Le chauffage à fond ?

Il ne faut pas pour autant maudire ces gaz à effet de serre. Sans eux, il ferait sur terre un froid polaire auquel l'homme ne pourrait survivre. Grâce à eux, une température moyenne d'environ 15 °C règne sur notre planète.

Le problème est qu'en augmentant la concentration de gaz à effet de serre, par ses activités, l'homme est en train de pousser le chauffage à fond et risque de se retrouver bientôt dans la même situation que le pauvre chien coincé dans la voiture en plein soleil !

Alors, ça gaze ?

La plupart des gaz à effet de serre sont naturellement présents dans l'air.

Tout le monde peut faire l'expérience de l'effet de serre climatique. Pourquoi, en effet, les nuits claires et sans nuages sont-elles plus fraîches que lorsque le temps est couvert ? C'est, vous l'avez compris, par manque de gaz à effet de serre !

Feu de forêt provoqué par un éclair dans le parc national de Yellowstone (États-Unis).

Arrhénius l'avait déjà compris, la vapeur d'eau en est le plus important. Viennent ensuite le gaz carbonique, ou CO_2, généré principalement par les volcans, les feux de forêts, la respiration des plantes, des animaux et des hommes, et la décomposition de la matière organique. Un autre gaz à effet de serre est le méthane, issu des zones humides et de la décomposition de matières organiques. Et enfin, le protoxyde d'azote, plus connu sous le nom de gaz hilarant.

La vapeur d'eau

La présence de vapeur d'eau dans l'atmosphère est essentiellement due à l'évaporation générée par la chaleur. Plus il fait chaud, plus la concentration de vapeur d'eau augmente.

Elle peut ainsi varier de 0,1 à 4 %.

L'homme ne rajoute pas, à proprement parler, de vapeur d'eau dans l'atmosphère. Mais en réchauffant le climat, il contribue à une augmentation de l'évaporation qui se traduit par un accroissement de la quantité de vapeur d'eau dans l'atmosphère. Cette vapeur, à son tour, augmente l'effet de serre ! C'est ce que l'on appelle un phénomène de rétroaction.

Le dioxyde de carbone (CO_2)

Le cas du dioxyde de carbone est bien différent. Il est produit par la combustion du carbone en présence d'oxygène et se compose d'un atome de carbone et de deux atomes d'oxygène. Sa formule est donc CO_2. À lui tout seul, il contribue à l'effet de serre à hauteur de 60 %.

Le monde moderne en relâche environ 25 milliards de tonnes par an dans l'atmosphère en brûlant des énergies fossiles comme le charbon, le pétrole ou le gaz. Heureusement, les océans, les forêts et les plantes éliminent environ la moitié de cet excédent. L'autre moitié se concentre dans l'atmosphère où sa durée de vie est de plus d'un siècle. Sa concentration a ainsi augmenté d'environ 37 % depuis le début de l'ère industrielle. Durant les 650 000 ans qui nous ont précédés, sa concentration n'a jamais excédé 280 ppmv (parties par million en volume) alors qu'elle atteint aujourd'hui les 383 ppmv ! Et cela n'est pas près de s'arranger, parce que l'on continue d'en rejeter massivement dans l'atmosphère.

Le méthane (CH_4)

Si la vedette du réchauffement est essentiellement le CO_2, il ne faut pas pour

Cascades de Tilasu, réserve naturelle d'Umphang (Thaïlande).

Les raffineries rejettent du gaz carbonique pour affiner des produits qui vont, à leur tour, émettre du gaz carbonique...

autant sous-estimer les autres acteurs. Même si sa durée de vie dans l'atmosphère n'est que de 12 ans, le méthane a quand même de sérieux atouts pour jouer les stars du réchauffement. D'abord, sa concentration dans l'atmosphère a augmenté d'environ 150 % depuis 1750 et atteint aujourd'hui un taux inégalé dans l'histoire ! Ensuite, son pouvoir de réchauffement est 23 fois plus élevé que celui du gaz carbonique !

Le méthane est le principal composant du gaz naturel et du biogaz.

La production humaine de méthane provient essentiellement des rizières, des décharges d'ordures, de l'élevage des ruminants, des fuites de réseaux de gaz et de l'exploitation charbonnière. Les zones humides, comme les mangroves et les rizières, représentent 32 % des émissions. Les énergies fossiles en sont, elles, responsables de 21 % (le gaz naturel en particulier est composé de 90 % de méthane).

La contribution des ruminants s'élève à 16 %. Ainsi, une seule de nos vaches peut émettre, lors de sa digestion, jusqu'à 500 litres de méthane par jour ! À ces rejets, s'ajoutent les bouses qui continuent leur fermentation sur le sol. Enfin, nos décharges d'ordures atteignent les 12 %, la biomasse en se décomposant totalise 10 %, tandis que les océans et les sédiments contribuent pour 4 %.

Le fond des mers et les sols gelés des régions voisines des pôles contiennent de gigantesques gisements d'hydrates de méthane gelés. Vif sujet de préoccupation en des temps où le permafrost commence à fondre et où la planète commence à se réchauffer. Ces gisements pourraient relâcher brutalement de phénoménales quantités de méthane dans l'atmosphère, et l'effet serait désastreux.

Et quelques autres

- **Le protoxyde d'azote** (N_2O) provient de l'industrie chimique et des excès d'épandages d'engrais. Sa concentration dans l'atmosphère a augmenté de 15 %.
- Il faut citer **l'ozone de la troposphère** et aussi les petits nouveaux, les gaz fluorés. Ils servent à produire du froid, ou de propulseurs dans les bombes aérosols. Ils entrent aussi dans la composition de mousses plastique et d'éléments d'ordinateurs. La plupart n'existent pas à l'état naturel et sont directement issus de nos activités industrielles.

Les ruminants contribuent à hauteur de 16 % à la production de méthane et, donc, au réchauffement de la planète....

Champ d'orge dans la Marne (France).

■ Rajoutons à cela **les hydrocarbures perfluorés**, émis lors de la fabrication de l'aluminium ou le très redoutable **hexafluorure de soufre**, gaz détecteur de fuites et isolant électrique qui, malgré sa très faible concentration dans l'atmosphère, mériterait la palme d'or du réchauffement climatique. Un seul kilo de ce gaz produit autant d'effet de serre que 22 000 kilos de gaz carbonique ! Et pour tout arranger, sa durée de vie dans l'atmosphère est de 30 000 ans…

La balade du carbone

Le cycle du carbone, vous vous en doutez bien à présent, est l'un des rouages les plus importants de la machine climatique et désigne l'ensemble des échanges de carbone sur la planète. Il se compose de différents échanges entre les océans, les roches, la matière vivante, et l'atmosphère. La connaissance de ce cycle est, bien évidemment, fondamentale pour comprendre le réchauffement climatique. Il importe aussi de quantifier les flux de carbone afin de prévoir le rôle des activités humaines dans le changement climatique à venir. Des centaines de chercheurs de par le monde planchent donc sur ce sujet et nos connaissances en la matière ont énormément progressé au cours des dernières décennies.Naturellement présent sur terre depuis l'époque de sa formation, le carbone était le composant principal de l'atmosphère avant que la vie ne s'en mêle pour produire de l'oxygène.

Les réservoirs de carbone

On distingue quatre réservoirs différents de carbone : l'atmosphère, qui contient 750 gigatonnes (Gt) de carbone ; l'hydrosphère (la partie du système terrestre constituée d'eau) recelant 38 100 Gt de carbone sous forme de carbonates et de bicarbonates ; la lithosphère (la croûte terrestre) qui en contient 1 580 Gt sous forme de composant des matériaux solides présents dans le sol (la craie par exemple) ; et enfin la biosphère (la sphère du vivant) où l'on trouve 610 Gt de carbone en tant que composant des molécules organiques des êtres vivants (plantes, animaux, microbes). Ces quatre réservoirs échangent incessamment du carbone entre eux.

Ça coule de source

On est verni d'habiter la planète la plus riche en eau de tout le système solaire.

Décharge sauvage de bidons usagers. Par endroits, la Terre est devenue une vraie poubelle.

L'eau c'est la vie,
mais elle est bien mal
répartie sur la planète.
Là où elle vient
à manquer,
elle en laisse bon nombre
sur le bord du chemin.

Et d'ailleurs, vous allez le voir, le cycle de l'eau, c'est simple comme un robinet qui coule. C'est un peu comme le cycle du carbone, une histoire de troc entre hydrosphère, lithosphère, atmosphère et biosphère.

L'eau des mers s'évapore sous l'action du Soleil. Dans l'atmosphère, elle forme des nuages où la vapeur d'eau se transforme en fines gouttelettes, puis en pluie qui retombe sur les océans et les continents.

L'eau tombée sur les continents s'évapore (65 %), ruisselle vers l'océan (24 %), est parfois stockée sous forme de glace ou de neige, ou s'infiltre dans la terre (11 %) pour alimenter les nappes phréatiques. Plus ce processus est rapide, plus l'érosion des sols est importante. Au passage, les végétaux pompent l'eau du sol par leurs racines, les animaux et les hommes la boivent… Au total, la biosphère stocke temporairement une quantité d'eau non négligeable.

Le cycle de l'eau peut être considéré comme stable. Le volume des océans n'a que très peu varié depuis 1 milliard d'années. Lorsque la quantité d'eau de l'atmosphère baisse, la quantité stockée sur terre augmente en fonction. Donc, en principe, on n'est pas près de manquer d'eau. Mais en réalité, les 2/3 de la planète vivent déjà en situation de stress hydrique et le réchauffement ne fera qu'aggraver cette situation. Le problème, ce n'est pas la raréfaction de l'eau, c'est sa répartition :

– répartition dans le temps : le réchauffement en cours nous promet davantage d'inondations l'hiver, mais aussi davantage de sécheresses et de canicules l'été ;
– répartition géographique : les pays déjà arides le deviendront encore bien davantage. Les bergers de l'Afrique sub-saharienne n'ont pas fini de rêver en découvrant à la télé les inondations qui affligent l'Europe…

La circulation « thermohaline »

La circulation des courants océaniques, dite « thermohaline », ressemble peu ou prou à la circulation atmosphérique. Des courants chauds, comme le Gulf-Stream, se forment au niveau des tropiques et remontent vers le pôle. Ces eaux chaudes s'évaporent et leur concentration en sel augmente. La plongée des eaux froides (donc denses) de l'Atlantique Nord draine ces eaux chaudes vers le nord. Ces eaux chaudes et ces eaux froides ne se mélangent pas (elles ne font pas d'eaux tièdes) car elles n'ont pas la même densité. Donc, les eaux chaudes de surface, chargées en sel, plus lourdes, coulent au fond de l'océan où elles alimentent un courant sous-marin qui, comme un tapis roulant avançant à très faible vitesse, fait le tour de la planète. On estime qu'une molécule d'eau met environ 1 000 ans pour faire un tour complet de manège ! Le même phénomène se produit dans l'hémisphère Sud mais avec moins d'ampleur. Le débit d'origine antarctique est de 10 millions de m^3 par seconde, celui de l'Atlantique Nord de 20 à 30 millions de m^3 par seconde.

Avant l'ère industrielle, tous ces échanges du cycle du carbone étaient équilibrés. La concentration de CO_2 dans l'air restait stable, le climat aussi… Jusqu'à ce que l'homme vienne s'en mêler…

Page précédente: Enfants jouant sous la pluie durant la mousson au Bangladesh.

Un régulateur de climat… qui pourrait bien avoir du mal à jouer son rôle

Cette circulation joue le rôle de régulateur du climat grâce à sa lenteur et à son inertie thermique. Un peu comme l'eau du chauffage central qui fait le tour de nos maisons. Les scientifiques estiment que ce système a déjà connu des ratés par le passé, notamment lors de la fonte de la calotte canadienne à la fin du dernier épisode glaciaire, occasionnant de profonds changements climatiques.

La circulation «thermohaline» fait actuellement l'objet de très nombreuses études, car il est à craindre que le réchauffement ne vienne à nouveau perturber ce cycle. En effet, en cas de réchauffement dans les régions polaires (d'après les prévisions scientifiques, c'est aux alentours du pôle Nord que le réchauffement sera le plus marqué, il pourrait atteindre les 11 °C avant la fin du siècle!), les glaces de mer viendraient à fondre, relâchant une grande quantité d'eau douce. Ces eaux froides ne seraient alors plus assez salées pour faire plonger les eaux chaudes de surface vers le fond. La circulation « thermohaline» risquerait donc de s'interrompre, au grand dam des climatologues qui s'accordent pour affirmer que les effets sur le climat seraient irréparables!

Trop d'eau d'un côté
et pas assez de l'autre…
C'est le paradoxe du réchauffement
climatique, va falloir s'y faire…

Pluie sur la rivière de Kaw (Guyane française).

LA MÉTÉO

La météo est le premier indicateur du dérèglement climatique que nous sommes en train de subir. Il y a les relevés de température qui nous permettent de comparer et d'affirmer que le réchauffement est basé sur des données objectives. Mais il y a aussi les conséquences de ce dérèglement qui entraînent des tempêtes à répétition, des cyclones plus nombreux, des canicules récurrentes, des sécheresses et des inondations de plus en plus fréquentes…

L'amplification de ces phénomènes pourrait provoquer de nouvelles victimes, un nouveau déséquilibre climatique, et participer à l'augmentation exponentielle du réchauffement. Il faut bien connaître ces phénomènes météorologiques auxquels nous sommes habitués et dont nous pouvons nous protéger parfois.

Page précédente :
Un cumulus
qui se transforme
en cumulonimbus
annonce l'orage.

Ouragan Linda,
en vue satellitaire
sur la Basse-Californie
(États-Unis).

La différence entre la météo et le climat

Quand on parle du temps qu'il fait, il y a deux approches : climatique et météorologique. À la différence du climatologue qui établit des moyennes sur une trentaine d'années, le météorologue s'intéresse au temps qu'il fera demain ou dans sept jours au maximum.

Météo France réalise des prévisions sur le temps qu'il fera à un instant donné, dans un lieu précis. Ces prévisions sont fondées sur les relevés de température, de vitesse et d'orientation des vents, de l'intensité des précipitations, du pourcentage d'humidité dans l'air, de la pression atmosphérique, entre autres.

Mais la météo d'une région dépend aussi de sa latitude, de sa longitude et surtout de son relief.

Pour ses prévisions, Météo France utilise de plus en plus les satellites. Ils permettent de suivre les mouvements des masses atmosphériques, les cyclones, les dépressions... Depuis 1966, plus d'une dizaine de satellites de plus en plus performants sont en orbite autour de la Terre. La plupart sont en orbite géostationnaire à 36 000 kilomètres et sont complétés par des satellites en orbite basse, entre 600 et 1 600 kilomètres.

Météorologues et climatologues travaillent différemment et leurs outils ne sont pas les mêmes. Une prévision météo s'établit en fonction des mesures de températures, de vents, de déplacements des masses d'air, etc., que l'on analyse ensuite pour tenter de prévoir comment elles évolueront durant les jours à venir.

En revanche, pour effectuer des prévisions climatiques, les chercheurs utilisent des modèles informatiques qui ne se fondent sur aucune mesure ni observation, mais dans lesquels ils entrent, sous forme de formules, les lois physiques qui régissent le climat, de façon à créer une sorte de planète virtuelle capable de reproduire le climat actuel et ceux du passé. Les climatologues observent ensuite ce qu'il se passe si l'on modifie certains paramètres, comme la concentration de gaz carbonique ou de méthane dans l'atmosphère.

Cumulonimbus
sur le plateau
de l'Aubrac
(France).

Observations et prévisions

Le temps est souvent capricieux dans nos climats tempérés, et nous avons aujourd'hui bien du mal à accepter de ne pas savoir le temps qu'il va faire...

Dis-moi le temps qu'il fait, je te dirai le temps qu'il fera...

Le plus important pour faire une prévision météo est de bien connaître la situation de départ. C'est le rôle de l'observation (voir encadré ci-dessous).

Les météorologues découpent l'atmosphère en tranches horizontales et verticales, afin d'obtenir des cubes de quelques dizaines de kilomètres de côté sur quelques centaines de mètres d'épaisseur, dans lesquels les scientifiques mesurent chaque paramètre météorologique.

Ils entrent ensuite ces données dans de puissants ordinateurs, qui sont parmi les plus gros au monde tant il y a d'informations à traiter.

Ensuite, chaque cube est étudié selon les lois de la mécanique et de la thermodynamique des fluides.

Les scientifiques obtiennent ainsi de nouveaux paramètres pour chacun des cube, ainsi qu'une simulation très réaliste de l'évolution de l'atmosphère.

Le battement d'ailes du papillon...

Mais réaliste ne veut pas dire avéré ! Et c'est là le problème de ces prévisions que l'on qualifie de déterministes. Votre serviteur est bien placé pour le savoir... Malgré le nombre croissant d'observations dont dispose les spécialistes de la météo, la situation de départ reste très schématisée. Ainsi, chaque cube ou maillage de l'atmosphère est considéré comme homogène, alors que bien évidemment ce n'est pas le cas. Or, on le sait désormais, une erreur infime dès le début des calculs peut donner un résultat qui se révèle totalement faux à l'arrivée.

Le météorologiste américain Lorenz illustra poétiquement cette difficulté mathématique en assurant que le battement d'ailes d'un papillon dans la forêt amazonienne pouvait causer une tempête dans une autre partie du monde quelques mois plus tard...

Papillons Phœbis s'abreuvant au sol de la forêt tropicale (Brésil).

OBSERVATIONS

Aux quatre coins du monde, des dizaines de milliers d'observateurs scrutent en permanence les caprices du temps. Tous les moyens sont bons : bateaux, avions, bouées dérivantes, ballons-sondes, radars et, surtout depuis quelques décennies, satellites météorologiques géostationnaires ou défilants. Ces derniers fournissent de précieuses informations sur le déplacement des nuages, la vitesse et la direction du vent, l'humidité, le rayonnement solaire, le niveau des océans... Ces observations sont ensuite regroupées, via un réseau international qui relie toutes les stations entre elles, de façon à former l'image la plus précise possible des conditions climatiques à un moment donné.

Page précédente: Les marées influencent aussi les prévisions météo. La météo marine est l'une des plus fiables.

Anémomètre sur fond de ciel bleu.

Le B.A.BA de la météo

Après vous avoir expliqué comment sont établies les prévisions météorologiques, il va bien falloir à présent que je vous révèle le reste de mes secrets et que je vous confie comment se produisent les divers phénomènes météo qui tour à tour nous réjouissent ou semblent se liguer pour nous gâcher la vie... Et dans certains cas même, nous la faire perdre !

La pression atmosphérique

L'air a beau être invisible, il a malgré tout un poids, ou pour être plus exact une masse. La pression atmosphérique est la force qu'exerce cette masse sur la surface terrestre. Elle est exprimée en millibars (mbar) ou en hectopascals (hPa) et se mesure à l'aide d'un baromètre.

Anticyclones contre dépressions

Les différences d'ensoleillement et de température dans l'atmosphère se traduisent par des variations de pression. Lorsque celle-ci est de l'ordre de 1 020 à 1 050 hPa, nous sommes en présence d'un anticyclone ; lorsqu'elle est inférieure à 1 000 hPa, on parle de dépression. C'est le rééquilibrage entre ces deux systèmes qui crée le vent. Il circule généralement des hautes pressions vers les basses pressions. Plus la différence de pression est importante, plus le vent est fort.

Le vent se forme aussi à l'intérieur de ces systèmes, s'écoulant depuis leur centre vers la périphérie.

En règle générale, l'anticyclone amène le beau temps (sec et forcément chaud), tandis que la dépression génère un temps gris, avec d'abondantes précipitations.

Masses d'air et fronts

Sur l'océan, l'évaporation humidifie l'air. Au-dessus d'une région continentale intérieure ou, a fortiori, d'un désert, l'air est en revanche particulièrement sec. C'est ainsi que se forment de grandes masses d'air dans lesquelles les températures et l'humidité sont sensiblement uniformes. Ces masses d'air influencent la météo de régions parfois très éloignées. C'est ainsi qu'en France le temps est sous l'influence de quatre masses d'air.

Tempête sur la dune du Pyla et le bassin d'Arcachon (France).

Tempête de sable sur la dune de Sossusvlei dans le désert de Namibie.

■ **L'air polaire maritime,** qui nous vient de l'océan Arctique, apporte un temps humide, frais et nuageux, souvent accompagné de neige.

■ **L'air polaire continental,** qui déboule de Sibérie, provoque un grand froid et des ciels limpides.

■ **L'air tropical maritime,** qui arrive des Açores, entraîne un temps doux mais nuageux en hiver et beau temps en été.

■ **L'air tropical continental,** qui vient des déserts d'Afrique et d'Arabie, nous inflige canicules et sécheresses en été.

Lorsque deux masses d'air de températures différentes se rencontrent, celle dont la vitesse est la plus élevée repousse l'autre en la soulevant pour passer dessous, ou en la comprimant pour passer dessus.

La ligne de démarcation entre ces deux masses d'air se nomme un front. Cette ligne ondule au gré des températures et des pressions, et c'est dans ses replis que se créent les dépressions. Si elle est immobile, on dit qu'il s'agit d'un front stationnaire.

Si une masse d'air chaud repousse une masse d'air froid vers le bas, on parle d'un front chaud. Les fronts chauds se déplacent lentement et s'étalent sur plusieurs centaines de kilomètres. Les premiers nuages ont une avance de 1 500 kilomètres sur la ligne de front, On peut les voir 48 heures avant l'arrivée de celle-ci, mais les averses commencent généralement à se manifester environ 300 kilomètres avant le front.

Si une masse d'air froid se glisse sous une masse d'air chaud en la repoussant vers le haut, on parle d'un front froid. Les fronts froids se déplacent rapidement, traversant le ciel en quelques heures et en générant sur leur passage de violentes perturbations, souvent accompagnées d'orages et de rafales de vent.

Le vent et les vents...

Ce ne sont que des masses d'air qui se déplacent plus ou moins rapidement d'une zone de haute pression vers une zone de basse pression pour combler un vide, ce dont la nature a horreur. La différence de pression entre deux zones va déterminer la force et la direction du vent.

■ **La bise :** c'est la dénomination régionale habituelle du vent froid et sec pouvant souffler du nord ou du nord-est, en France et en Suisse. La bise embrasse donc plusieurs pays...

Piquets de culture couverts de neige et de glace.

Pins sculptés par le vent sur la côte méditerranéenne.

Le mistral: il vient aussi du nord et se forme dans la vallée du Rhône pour s'épanouir en Méditerranée par le delta du Rhône... Le mistral qui transporte le chant des cigales et l'odeur de la couche d'eau jaune, appelée aussi pastis!

Le vent blanc: le vent blanc est le contraire du mistral dans la partie septentrionale de la vallée du Rhône qui n'a pas du tout inspiré la chanson : «Ah ! Le petit vent blanc, qu'on voit sous les tonnelles, etc.»

La tramontane: c'est un vent de secteur nord-ouest qui se faufile entre les Montagnes Noires et les Pyrénées. Il existe aussi une tramontane un peu moins connue au sud des Alpes, de secteur nord-est et qui souffle dignement au sud de Digne...

Le cers: le cers trouve sa place entre le mistral et la tramontane. C'est un vent violent et turbulent soufflant en général du nord-ouest vers le Languedoc. Froid en hiver, chaud en été, il est toujours sec et apporte le beau temps que demande le vignoble autour de Pézenas.

Le suroît: au sud de la Bretagne, c'est un vent qui vient du sud-ouest poussant parfois une petite perturbation atlantique. Mais en Bretagne, il ne pleut que deux fois par an... deux fois 6 mois! Sauf là où il y a des microclimats, et c'est bien connu, il y en a partout en Bretagne!

Le marin: il vient de la Méditerranée accompagné d'humidité... of Corse! Cette Méditerranée bien souvent surnommée la Grande Bleue et où l'on commence à voir des poissons tropicaux comme dans la mer Rouge, une conséquence du réchauffement climatique.

Le vent d'autan: c'est un vent de secteur sud-est qui suit la vallée de la Garonne. Le vent qui rend fou, lancinant, fatigant, assommant ! D'où l'expression «Autan en apporte le vent»...

Le sirocco: ce vent du sud laisse parfois du sable saharien s'échapper des grosses gouttes des nuages qu'il pousse, du côté de la Corse et des côtes méditerranéennes et parfois même plus au nord... Mais quel beau nom, rempli de nostalgie et d'aventure...

Le fœhn

Les faits rien que l'effet de fœhn... Lorsque des nuages rencontrent une chaîne montagneuse, ils grimpent, se refroidissent et déversent leur trop-plein d'humidité en pluie...

Une fois en haut, l'air est donc plus sec et redescend de l'autre côté de la montagne, non pas à cheval, mais au galop

À TOUS LES VENTS !

Et plein d'autres qui racontent chacun l'histoire des pays qu'ils traversent comme au hasard: la traverse, entre Bordeaux et Limoges..., le père Barnard entre Bretagne et Normandie, le garbi, le labé, le libeccio, le levant, le grec ou le grégal, La méllanborée, le matinal ou matinière, l'écorche-chieuve, le vent mouillé, l'écorche-vache, l'écorche river, le betchawind, et pour finir deux beaux noms: le monsieur de port de l'écluse et le dret-vent... Cela ne saint-vente pas!

La lune gibbeuse au-dessus d'un cumulus congestus dans le Gers (France).

et l'air se réchauffe avec parfois 10 °C de différence entre les deux versants. C'est renversant et cela se nomme l'effet de fœhn… dont l'avantage est celui d'enneiger les stations de ski des Vosges, du Jura, des Alpes, du Massif central et des Pyrénées. Le vignoble alsacien doit ses qualités à l'effet de fœhn qui, en automne, provoque par ailleurs certaines hausses spectaculaires des températures sur le piémont des Pyrénées basques et béarnaises.
Le nom de ce phénomène est inspiré par un vent de sud qui souffle dans les vallées des Alpes autrichiennes et suisses.

Les nuages

La vapeur d'eau est un gaz invisible sauf quand le taux d'humidité atteint 100 %, c'est le taux de saturation. De très fines gouttelettes apparaissent alors pour former des nuages… Ah ! C'est beau la nature…

Tous différents en taille, en forme et en couleur, les nuages sont pourtant toujours composés des mêmes éléments : eau, air et poussières. De même, ils se forment toujours à la suite d'un refroidissement d'air.

Un nuage est un ensemble de gouttelettes d'eau (jusqu'à 5 millions par litre !) ou de cristaux de glace qui se condensent autour d'un noyau de matière composé de poussières, de spores, de cendres ou de cristaux de sel…

Inversement, un réchauffement de la température peut dissiper les nuages par évaporation de ces gouttelettes ou sous forme de précipitations.

La classification des nuages utilisée de nos jours remonte au début du XIXe siècle. Elle a été améliorée et complétée avant d'être adopté en 1891 par l'Organisation météorologique mondiale. Cette classification distingue quatre types de base dont les noms nous viennent du latin.

Les nuages de l'étage supérieur. Se formant entre 7 000 et 13 000 mètres, on les désigne par le préfixe cirro ou cirrus (boucle en latin) qui fait référence à leur forme bouclée. Étant donné le froid qui règne à ces altitudes, ils sont composés de cristaux de glace. Ces nuages sont divisés en trois sous-catégories : les cirrus (Ci), les cirrostratus (Cs) et les cirrocumulus (Cc). Voilà pour l'organisation naturelle des choses. Mais l'homme ne pouvant s'empêcher d'apporter sa petite touche personnelle, il faut y ajouter les traînées de condensation que laissent les avions (souvenez-vous, celles qui

Cumulonimbus et nuage lenticulaire en été au-dessus de la Picardie (France).

Ah ! les beaux cirrus,
comme si le ciel
se voilait pudiquement
pour annoncer
une perturbation…

abîment la couche d'ozone et permettent aux ultraviolets de venir griller vos cellules !) et qui annoncent d'ailleurs le mauvais temps…

Les nuages de l'étage moyen.
Ils flottent entre 2 000 et 7 000 mètres et sont formés de gouttelettes d'eau et de cristaux de glace. Ils sont, eux aussi, divisés en trois sous-catégories : les altostratus (As), les altocumulus (Ac) et les nimbo-stratus (Ns).

Les nuages de l'étage inférieur.
Ceux-là roulent juste au-dessus de nos têtes en dessous de 2 000 mètres et ne sont composés que de gouttelettes d'eau. Lorsqu'ils touchent le sol, on cesse de les appeler nuages et les voilà rabaissés au rang de vulgaires brouillards.
Les nuages bas sont désignés par les préfixes stratus et cumulus. Ils sont divisés en trois catégories, les strato-cumulus (Sc), les stratus (St) et les cumulus (Cu). C'est simple et chic, non ?

Les nuages verticaux.
Ces nuages sont caractérisés par de puissants courants verticaux et s'élèvent très haut au-dessus de leur base. Contrairement aux autres nuages, ils se forment à n'importe quelle altitude et sont subdivisés en deux catégories :
– *les redoutables cumulonimbus* (Cb), antres des dieux Jupiter ou Zeus et Thor, grands pourvoyeurs d'orages et de grêle ;
– *les pyrocumulus* (Pc) qui naissent d'un réchauffement intense à la surface de la terre dû à un volcan, à un feu de forêt ou à l'une de nos charmantes activités industrielles.

Gros plan sur des grêlons dans le Jura (France).

Tous aux abris !

Les précipitations, on s'en doute, viennent des nuages.

■ **La pluie** : elle se déclenche quand les particules d'eau s'entrechoquent et se réunissent pour former des gouttelettes dont la taille augmente jusqu'à ce qu'elles soient trop lourdes pour rester en l'air, donc elles tombent !

■ **La neige** : c'est le même phénomène que la pluie en plus froid, avec des cristaux de glace à la place des gouttelettes d'eau.

■ **Le grésil** : lorsque des flocons de neige traversent une masse d'air chaud au cours de leur descente, il en résulte un mélange de neige et de pluie...

■ **La grêle** : c'est une histoire cocasse. Imaginez une petite gouttelette d'eau qui se promène dans un cumulonimbus. Aspirée par un courant ascendant, la voilà qui monte, qui monte, atteignant des hauteurs où il fait si froid qu'elle se retrouve congelée ! Elle attire alors la vapeur d'eau non condensée du nuage qui vient grossir sa taille. Lorsqu'elle retombe, elle grossit encore selon le même processus. Il peut arriver que ce grêlon soit alors repris par un courant ascendant dans lequel sa taille augmentera encore. C'est ainsi qu'un grêlon peut atteindre la taille d'une balle de golf.

■ **Les averses** : l'averse se caractérise par un début et une fin brusques, une courte durée et des variations importantes et rapides d'intensité. Souvent forte et de courte durée, elle tombe des cumulus et, surtout, des cumulonimbus, sous forme de pluie, de neige, de grêle ou de grésil.

■ **La bruine** : elle est composée de gouttelettes très fines qui volettent avant de tomber au sol sans faire de bruit.

■ **Et le givre ?** Pour le givre, rien à voir ! Le givre ne vient pas des nuages. Il survient par une nuit étoilée, en l'absence d'effet de serre, quand le sol devient très froid. Il se produit alors un phénomène de condensation, plus connu sous le nom de rosée. Si la température du sol descend en dessous de 0 C°, des cristaux de glace forment le givre, ou gelée blanche.

Les orages

Le redoutable cumulonimbus qui parfois nous bombarde de grêlons est capable de générer des énergies encore plus destructrices.

Revenons un instant à notre gouttelette ou particule d'eau aspirée vers le sommet d'un cumulonimbus à plus de 10 000 mètres d'altitude. Au cours de sa montée, elle entraîne les charges électriques positives vers le sommet, tandis que les charges négatives redescendent vers la base du nuage. Lorsque celui-ci passe au-dessus d'une charge positive sur le sol, un arc élec-

Le cycle naturel des précipitations est largement perturbé par le réchauffement climatique anthropique.
En France, par exemple, il pleuvra de plus en plus et il tombera moins de neige en hiver et, l'été, les canicules seront plus fréquentes, plus longues et plus intenses ! Il en ira de même des inondations !

C'est clair,
l'éclair vient de la terre
et éclaire le ciel…

trique se forme entre le bas du nuage négatif et cette charge positive au sol. C'est ce que l'on appelle un éclair ramifié. Il a fallu attendre l'avènement de la photographie pour s'apercevoir que la foudre montait du sol vers les nuages (on constate d'ailleurs que cette notion n'est pas encore passée dans le langage courant, puisqu'on continue à dire que «la foudre tombe»).

Lorsque l'éclair monte, l'air est chauffé à plus de 30 000 °C en moins d'un quart de seconde! Il se dilate soudain et il en résulte une brusque expansion qui génère le bruit puissant du tonnerre.

Les éclairs ne montent pas tous du sol. Ils peuvent parfois se produire entre deux nuages de polarités différentes, ou même à l'intérieur d'un même nuage. Dans ce dernier cas, l'éclair lui-même n'est pas visible, mais illumine le nuage de l'intérieur et prend alors le joli nom d'éclair diffus, et diffus c'est énorme…

Tornades et trombes marines

Décidément le cumulonimbus n'a pas fini de nous étonner et de nous causer des soucis. C'est encore lui qui est responsable d'un phénomène particulièrement dévastateur: la tornade.

Une tornade (de l'espagnol *tornar*: tourner) se produit lorsque le courant ascendant d'un cumulonimbus rencontre des différences dans la vitesse ou la direction des vents entre deux points de l'atmosphère. Un vortex (tourbillon) se crée alors à la base du nuage et s'accélère rapidement. Le cumulonimbus se gonfle par sa base et le tourbillon ne tarde pas à sortir de ce renflement pour descendre vers le sol en formant une sorte de colonne tournoyante. La pression atmosphérique dans le cœur de la tornade étant généralement moins élevée de 10 % que la pression aux alentours, l'air s'engouffre dans le tourbillon pour en augmenter la force. La vitesse du vent peut alors atteindre plus de 500 km/h! Ce sont, de loin, les vents les plus rapides que l'on puisse rencontrer à la surface de la terre. Ils sont capables de détruire des maisons, de projeter des trains entiers à distance, et même d'endommager des bâtiments en béton armé!

La tornade et son nuage prennent la forme d'un gigantesque tuba dont la couleur varie du blanc au bleu foncé lorsqu'il est principalement composé d'eau. Quand le cœur de la colonne se remplit de poussières, il peut prendre d'étonnan-

Tornade au bout d'une route dans la plaine du Midwest (États-Unis).

Page précédente: Formation d'une trombe spectaculaire en mer Adriatique (Croatie).

L'ouragan Emily en vue satellitaire.

tes teintes, comme par exemple le rouge de l'argile. La tornade est fréquemment accompagnée d'un terrible rugissement produit par les vents. Des tornades se produisent parfois en France, mais elles sont généralement de faible intensité. Lorsqu'elles se forment au-dessus de la mer, on parle de trombes marines. Il peut arriver ainsi que de nombreux poissons de bonne taille soient littéralement aspirés hors de l'eau et emportés jusqu'à d'impressionnantes hauteurs avant de retomber avec la pluie, parfois à grande distance des côtes!

Les cyclones

Le cyclone (du grec *kuklos*, cercle) est un système dépressionnaire en rotation, qui prend l'aspect d'une grosse masse nuageuse en bandes spiralées s'étalant sur plusieurs centaines de kilomètres, associé à une dépression très creuse avec des vents tourbillonnant à plus 120 km/h. Petit rappel: sous l'effet de la force de Coriolis, les vents tournent, dans l'hémisphère Nord, dans le sens inverse des aiguilles d'une montre autour du cyclone, alors que c'est le contraire dans l'hémisphère Sud.

Contrairement à la tornade dont le diamètre excède rarement quelques dizaines de mètres, l'œil d'un cyclone peut atteindre jusqu'à 200 kilomètres de diamètre! Plus on se rapproche de cet œil, plus la température augmente et plus la pression tombe. Un cyclone génère des vents violents et des précipitations importantes.

Un cyclone à part: l'ouragan

L'ouragan est la forme la plus violente du cyclone tropical. Un cyclone devient un ouragan lorsque la vitesse de ses vents dépasse 215 km/h. L'ouragan est aussi appelé typhon dans le Pacifique Nord, à l'ouest de la ligne de changement de date. Un ouragan peut durer des semaines et parcourir des milliers de kilomètres. Il abrite parfois des centaines d'orages et se produit exclusivement au-dessus des mers tropicales, entre 5 et 8 degrés de latitude. L'hémisphère Nord subit 70 % des ouragans contre 30 % dans l'hémisphère Sud (austral).

La France métropolitaine n'est pas exposée, contrairement aux départements et territoires d'outre-mer.

L'OURAGAN KATRINA

Le 23 août 2005, l'ouragan Katrina est détecté sur les Bahamas. Il ne tarde pas à s'amplifier et vient frapper les côtes de la Louisiane six jours plus tard. Il remonte ensuite vers le nord, jusqu'au Québec où il s'éteint le 31 août après avoir causé la mort de plus de 1 400 personnes, englouti 80 % de la Nouvelle-Orléans et généré des centaines de milliers de sans-abri.
Cet ouragan est le plus coûteux de l'histoire des États-Unis avec un record de 135 milliards de dollars de dégâts. L'impact de cette catastrophe naturelle a été malheureusement accru par le manque de prévention (pas d'entretien des digues de protection) et une gestion désastreuse de la crise. Le fait que la majeure partie de la population soit noire et désargentée n'est sans doute pas étranger à tout cela. On verra dans les chapitres suivants que réchauffement climatique et injustice sociale sont étroitement liés.

À Dhaka-Mirpur (Bangladesh), la digue est renforcée avec des sacs de ciment pour limiter les dégâts de la tempête annoncée.

Quand l'océan se lève

Moins violents que les tornades, les ouragans sont néanmoins plus destructeurs en raison de leur plus grande étendue et de leur durée de vie. C'est lorsqu'ils atteignent les côtes qu'ils font le plus de dégâts. Iles et régions côtières sont les plus menacées en raison des risques maritimes. Il faut savoir qu'un ouragan aspire la surface de la mer, formant une sorte de monticule d'eau en dessous de lui. En pleine mer, ce renflement est à peine visible, mais lorsqu'il approche des côtes, il se produit alors une onde, ou marée de tempête, qui déferle sur la côte et détruit tout sur son passage.

Cyclones et réchauffement climatique

En tant que grands amateurs d'eau chaude, les cyclones sont particulièrement favorisés par le réchauffement climatique. En effet, sur l'océan Atlantique, la température de l'eau de surface s'est déjà réchauffée de 0,5 C° à 2 C° selon les endroits.

Sur le terrain, on peut déjà constater que les cyclones sont plus nombreux, plus destructeurs et qu'ils arrivent désormais plus tôt dans la saison, dès le mois de juillet. Les experts recommandent des mesures: protection des côtes, plans d'utilisation des sols, plans d'atténuation des catastrophes.

C'est ainsi que le débat est d'ores et déjà ouvert sur la reconstruction de la Nouvelle-Orléans, au regard des sombres prévisions des experts du climat pour les zones côtières. Ce genre de question se posera de plus en plus souvent avec l'avancée du réchauffement climatique. En effet, comme nous allons le constater dans le chapitre suivant, cette modification ne se résumera pas, loin s'en faut, à une simple élévation des températures...

NILOY C
NILOY C
LOY CEMENT
NILOY C
YUNDAI CEMENT
CEMENT

LA DÉCOUVERTE DU RÉCHAUFFEMENT CLIMATIQUE

Au XIXe siècle, les scientifiques ont constaté que le climat de la Terre tendait vers une période de glaciation, signe d'une éventuelle fin du monde dans laquelle nous finirions tous congelés. Ils voyaient donc l'arrivée des émissions de gaz carbonique comme l'espoir de rétablir l'équilibre climatique. Au XXIe siècle, les scientifiques ne sont évidemment plus du tout d'accord avec leurs prédécesseurs..., Il ne s'agit pas seulement d'une variation saisonnière de plus, mais d'une véritable hausse de la moyenne des températures de notre petite planète bleue.

De la mer d'Aral asséchée à la forêt malgache qui rétrécit, en passant par les neiges du Kilimandjaro qui n'ont plus rien d'éternelles... on a découvert avec effroi le dérèglement climatique...

Page précédente :
Terre craquelée en bas de la dune de Sossulvei dans le désert de Namibie.

Iceberg dans l'Antarctique.

Il est urgent de ne pas attendre, de comprendre et de lutter

Depuis Napoléon, on sait que la météo peut décider d'une victoire ou d'une défaite. Mais les ingénieurs météo nous alertent aussi sur le dérèglement climatique…

Guerre et climat

Durant la Seconde Guerre mondiale, les services météo furent largement mis à contribution. Les météorologues anglais, par exemple, ont joué un rôle prépondérant pour décider de la date du débarquement des Alliés.

À la fin de la guerre, il est désormais clair pour les militaires que la prévision météorologique sera déterminante dans les conflits à venir. Dès les débuts de la guerre froide, les armées russes et américaines dotent les climatologues de moyens dont ils n'avaient jamais osé rêver : avions, navires, fusées équipées de capteurs, supercalculateurs et, dès 1957, les premiers satellites pourvus d'instruments pour étudier l'atmosphère. Rien n'est trop beau ! Mais pour avoir une compréhension globale du climat, les chercheurs russes et américains ont besoin d'échanger des données. C'est ainsi que naît la coopération internationale en matière de climat, pilotée par une agence créée par l'ONU : l'Organisation météorologique mondiale (OMM).

C'est aussi durant l'année 1957 que l'on décide de mesurer systématiquement le taux de CO_2 de l'atmosphère. Les montagnes d'Hawaï et l'Alaska sont choisies en raison de leur éloignement de toute source de pollution. On s'aperçoit rapidement que ce taux augmente…

Les premiers indices

Dix ans plus tard, deux scientifiques publient une étude dans laquelle ils affirment que la concentration de CO_2 va doubler et qu'elle générera une augmentation de 2,5 °C de la température moyenne à partir des années 2 000 !

Émoi dans la communauté scientifique ; les études sur le climat se multiplient durant la décennie suivante.

Manchots empereurs sur la base Manson dans l'Antarctique.

Fleur dans de la boue craquelée du désert du Damaraland (Namibie).

Plusieurs climatologues parviennent eux aussi à la conclusion que le climat se réchauffe et tirent la sonnette d'alarme. C'est en 1979 qu'a lieu la première conférence mondiale sur le climat. Elle se déroule à Genève et les États se mettent d'accord pour mandater plusieurs organismes internationaux qui auront pour mission de lancer un programme de recherche climatologique mondial.

Le berceau du GIEC

Le problème des climatologues à la fin des années 80 est à la fois simple et compliqué. Ils sont convaincus que l'augmentation du taux de CO_2 dans l'air réchauffera le climat, mais ils sont incapables de le prouver, ni de quantifier ce réchauffement. C'est pour répondre à ces problèmes que le Groupe intergouvernemental sur l'évolution du climat (GIEC, ou IPCC en anglais) est créé en 1988. Placé sous l'égide des Nations unies et de l'Organisation météorologique mondiale, sa mission est d' «expertiser l'information scientifique, technique et socio-économique qui concerne le risque de changement climatique provoqué par l'homme».

Imaginez un peu : 2 500 chercheurs venant de tous les pays du monde, de disciplines aussi différentes que la météorologie, la glaciologie, la botanique, l'économie, l'océanographie, etc., vont devoir travailler ensemble. Certains se connaissent déjà bien par le biais de l'OMM. Peu à peu, ces hommes de science, habitués à la quiétude de leurs laboratoires, vont devenir les sentinelles du plus grand péril auquel l'humanité ait jamais été confronté. Ils se retrouvent propulsés au devant de la scène médiatique, perpétuellement accusés d'en faire trop ou pas assez. Cela ne les empêche pas de relever le défi. Et il est énorme.

Pourtant, malgré les difficultés, le premier rapport du GIEC sort en 1990. Il conclut que le climat pourrait se réchauffer de 1,5 C° à 4 C° à l'horizon 2100, mais estime prudemment que la science n'est toujours pas en mesure de prouver que le réchauffement en cours est d'origine humaine (anthropique) et qu'il pourrait être interprété par la variabilité naturelle du climat. Les détracteurs de la théorie du réchauffement d'origine anthropique se ruent alors dans la brèche. Il faut dire qu'ils comptent dans leurs rangs les acteurs économiques les plus puissants de la planète...

Panneau indiquant un point d'eau dans le sud de la Tunisie.

Raffinerie de pétrole à Reichstett (France).

Quand les pétroliers mettent la science sous pression…

En réponse à la création du GIEC, la plupart des plus grands groupes pétroliers – dont le chiffre d'affaires est supérieur au PIB de la majorité des pays membres de l'ONU –, ainsi que des constructeurs automobiles, créent l'année suivante le lobby « Global Climate Coalition» (GCC) dont le but est de s'opposer à toute réduction de gaz à effet de serre.

Ce groupe de pression finance des études contestant la réalité du réchauffement anthropique et parvient à placer des hommes de confiance dans la majorité des instances internationales.

Trois ans plus tard, le groupe est désactivé quand la réalité du réchauffement est finalement admise par tous ses membres… Malgré les preuves et les évidences, la présidence des États-Unis a continué de contester les rapports du GIEC pendant des années.

Le gouvernement des USA a aussi exercé de lourdes pressions sur les scientifiques américains qui travaillaient sur le réchauffement climatique. Ceux-ci sont descendus dans la rue et ont obtenu le soutien de l'opinion publique et de nombreux médias.

Il faut souligner que les Américains sont les plus grands producteurs de gaz carbonique et que le pétrole fait partie de leur histoire.

Difficile d'accorder science et politique

Malgré leur pouvoir de nuisance, les lobbies pétroliers ne parvinrent pas à faire taire le GIEC. Mais avant d'aller plus loin, examinons d'abord le fonctionnement de cet organisme.

Le GIEC est dirigé par un bureau de trente scientifiques, choisis par l'assemblée plénière dans laquelle siègent les représentants des différents pays de la planète. Ce bureau est divisé en trois groupes de travail. Le premier est consacré aux éléments scientifiques sur le réchauffement climatique, le second s'occupe de ses conséquences, le troisième étudie les mesures pour y remédier. Chaque groupe est présidé par un binôme de scientifiques, l'un des pays du Nord, l'autre des pays du Sud. Le bureau sélectionne les auteurs et les relecteurs en tenant compte de leur excellence scientifique et de leur provenance géographique.

Un relecteur, c'est le composant qui permet à la machine de fonctionner.

LES PUITS DE CARBONE, C'EST PROFOND ?

Un puits de carbone est un processus qui absorbe et recycle le carbone contenu dans l'atmosphère. L'océan et les forêts sont les deux principaux producteurs efficaces, puisqu'ils assimilent la moitié du carbone relâché dans l'atmosphère. L'océan le dissout et le stocke durablement en carbonate, bicarbonate et photosynthèse de phytoplancton. On le retrouve dans les falaises de craie, les récifs coralliens ou les coquillages… Les forêts, en revanche, en relâchent rapidement la majeure partie absorbée par photosynthèse (20 à 80 ans, selon le type de forêts : tempérées, tropicales ou boréales).

Méandre de la rivière Cuieiras Amazonas (Brésil).

Lorsque les chercheurs sélectionnés par le bureau ont terminé leur rapport, celui-ci est confié à un autre groupe d'experts qui planchent à nouveau sur le sujet, sollicitant l'avis de représentants gouvernementaux ou d'ONG (organisation non gouvernementale d'intérêt public qui ne relève ni de l'État ni d'une institution internationale). Cette relecture critique est ensuite confiée à un troisième groupe qui rédige l'exposé final. Celui-ci se présente sous la forme d'un rapport scientifique de plusieurs milliers de pages.

Soyons clairs, aucun décideur politique n'a, à la fois, le temps et les compétences pour digérer un tel pavé.

Les tout premiers auteurs rédigent donc, à l'usage des décideurs, un texte qui se résume à une dizaine de feuillets intelligibles par le commun des mortels.

Ce résumé sert de base à toutes les conférences internationales sur le climat. Et c'est là que tout se corse pour nos pauvres chercheurs, car il n'est pas évident de faire adopter ce texte par les représentants de cent soixante-dix États dont les intérêts en la matière première divergent !

La bataille des mots

Le moindre mot de ce résumé est l'occasion d'une bataille sans fin. Telle fois, c'est le représentant saoudien qui monopolise le temps de parole et veut insister sur les incertitudes, telle autre ce sont les Américains et les Canadiens qui voudraient magnifier le rôle des forêts et leur absorption de CO_2... À chaque page, chacun essaie d'y glisser ses petits intérêts. Il faut aussi tenir compte du problème des langues. Le résumé final est rédigé en anglais par des gens de langues diverses et ensuite traduit dans la langue de tous les États membres.

Jean-Pascal van Ypersele, physicien climatologue, membre du bureau du GIEC, raconte ainsi avec un humour teinté d'amertume comment une petite locution anglaise (*a few*) peut être traduite dans le contexte par « quelques degrés » en français, par « jusqu'à 6 °C » en russe et par « de 1 à 10 °C » en chinois !

Le temps des conférences

Dans le sillage des travaux du GIEC, conférences et protocoles internationaux se succèdent : à Rio en 1992, à Berlin en 1995, à Genève en 1996, à New York et à Kyoto en 1997, où est élaboré le fameux « protocole de Kyoto » qui engage les pays industrialisés à réduire les émissions de gaz à effet de serre de 5,2 % en moyenne d'ici 2012, par rapport au niveau de 1990.

Grâce aux rapports du GIEC, les décideurs politiques ont pris la mesure de la menace, l'homme va enfin se montrer raisonnable. Enfin peut-être... Nous allons voir que cela n'est pas si simple.

Mais avant d'aller plus loin, tentons de comprendre ce qui arrive à ce climat dont nous dépendons depuis plusieurs dizaines de milliers d'années ...

C'est sur les conclusions du rapport des relecteurs que sont négociés les traités et les protocoles internationaux, comme celui de Kyoto.

Page précédente : Ours polaire à la recherche de nourriture.

Arbres morts dans le désert de Namibie.

Comprendre les mécanismes du réchauffement

La cause principale : l'effet de serre anthropique

Vous l'avez déjà compris, le responsable du réchauffement actuel, c'est l'homme, principalement à cause des gaz à effet de serre qu'il rejette dans l'atmosphère. Examinons d'où proviennent ces gaz.

Le CO_2

■ **Le CO_2 d'origine anthropique**. Commençons par le plus néfaste, le CO_2 qui pèse 60 % des GES émis par l'homme. Nos diverses activités en rejettent environ 25 milliards de tonnes par an dans l'atmosphère !

Ce CO_2 provient à 90 % de la combustion d'énergies fossiles. Celles-ci, principal moteur de la croissance économique, sont le pétrole, le gaz naturel et le charbon. À ce jour, c'est le pétrole qui remporte la palme, car il est le plus facile à transporter. Cela ne durera pas. Les réserves se raréfient et, d'ici quelques décennies, le charbon reprendra la vedette. Il n'y a pas lieu de s'en réjouir. En effet, pour un rendement énergétique équivalent, le charbon émet bien plus de CO_2 que le pétrole ! Et il n'est pas près de se tarir, les réserves de houille sont immenses, de quoi polluer la planète pendant plusieurs siècles encore !

Le CO_2 d'origine anthropique est émis à 42 % lors de la production d'électricité, à 23 % par les transports et 18 % par l'industrie. Le complément étant l'habitat et le tertiaire. Les carburants fossiles ne sont pas les seules sources de carbone anthropique. Certaines industries, comme la production de ciment et la sidérurgie, en émettent beaucoup.

■ **Les autres sources de CO_2** sont principalement la déforestation (1,5 milliard de tonnes de carbone par an) et certains usages agricoles. En transformant les forêts en surfaces agricoles, en labourant la terre, en la retournant fréquemment, l'homme permet au carbone contenu dans le sol, les racines, les micro-organismes et l'humus de se répandre dans l'atmosphère.

Puits de pétrole ordinaires.

La culture du riz est une de celles qui dégagent le plus de méthane...

Le méthane

Le méthane représente environ 20 % des gaz à effet de serre anthropique. Il provient de diverses sources :

– *la culture du riz* et les zones humides où se décomposent des matières organiques en absence de l'oxygène de l'air ;

– *l'élevage des ruminants* (bovins, ovins, caprins...). En effet, durant leur digestion, une importante fermentation des aliments se produit dans leur panse qui relâche de grandes quantités de méthane. Cela peut sembler trivial mais, à eux seuls, les ruminants que nous élevons émettent davantage de gaz à effet de serre que nos véhicules de transport !

– *les décharges ménagères et déchets organiques* où, là encore, se décomposent des matériaux organiques ;

– *la déforestation et la décomposition de la biomasse,* notamment dans les zones tropicales ;

– *les petites fuites de gaz naturel* qui ont lieu durant l'exploitation des gisements, puis durant son transport par pipeline, ou en fin de parcours chez l'utilisateur.

Les autres gaz

Les nouveaux gaz artificiellement produits par l'homme représentent eux aussi presque 15 % des gaz à effet de serre. Ce sont essentiellement les gaz réfrigérants et propulseurs dont les émissions sont dues aux fuites des systèmes de climatisation, à la mise en décharge de ces systèmes, aux bombes aérosols, à la fabrication industrielle de mousses, d'ordinateurs et de téléphones portables, etc.

■ **Le protoxyde d'azote** représente environ 5 % des gaz à effet de serre anthropique. Il provient de l'agriculture (engrais azotés) et de procédés chimiques utilisés dans l'industrie.

L'ozone (O_3) troposphérique

Dans le premier chapitre, nous avons vu que nous ne pourrions survivre sans la fameuse couche d'ozone qui arrête les rayons ultraviolets, et voilà qu'à présent nous découvrons que l'ozone peut nous nuire. Pourquoi ? Parce que l'ozone produite par nos pics de pollution ne peut en aucun cas s'élever pour venir renforcer la couche d'ozone stratosphérique qui protège la vie. Elle reste au-dessus du sol et s'accumule dans l'air que nous respirons. Ses effets sur la santé sont néfastes : toux, gêne respiratoire douloureuse, essoufflement, irritation du nez, des yeux et de la gorge. Les personnes les plus sen-

Décharge sauvage en Corse.

La vue de cet échangeur, avec ses innombrables véhicules, devrait nous pousser à pratiquer l'autocensure... de sécurité.

sibles sont les enfants, les gens âgés et tous ceux qui ont des insuffisances respiratoires, comme les asthmatiques.

L'ozone d'en bas est pourtant le même que celui d'en haut mais les lois physiques de l'atmosphère l'empêchent de remonter. L'ozone d'en haut, stratosphérique, provient d'une réaction de l'oxygène aux ultraviolets, tandis que l'ozone d'en bas, troposphérique, est une réaction chimique en présence de polluants, par exemple ceux dégagés lors de la combustion de l'essence de nos voitures. Non content de menacer notre santé lorsque nous le respirons, l'ozone est aussi un puissant gaz à effet de serre!

Les causes secondaires

Pour réchauffer le climat, l'homme non seulement produit des gaz à effet de serre, mais il fait aussi en sorte que ces gaz ne disparaissent pas trop vite dans la nature, par exemple en remplaçant les forêts par des surfaces agricoles à la capacité d'absorption du $C0_2$ nettement inférieure, voire nulle. Les GES ne sont donc pas les seuls déclencheurs du réchauffement. Quelles sont les autres sources?

■ **Les grandes villes** participent au réchauffement, en se comportant comme les radiateurs de nos maisons. Elles génèrent, notamment durant la nuit, une augmentation locale des températures. Cet apport de chaleur est principalement dû au trafic automobile, au chauffage, à la climatisation et à l'inertie thermique des bâtiments. C'est ce qu'on appelle l'effet «îlot urbain».

■ **La modification du cycle local de l'eau**. En créant de vastes plans d'eau, en en supprimant d'autres ou en déboisant les forêts, l'homme perturbe également le cycle de l'eau. Car les racines des arbres retiennent l'eau dans les sols, et leurs feuilles, en transpirant, produisent et maintiennent une certaine humidité dans l'air. Toute déforestation contribue donc à la désertification de certaines régions peu arrosées de la Terre.

Les phénomènes de rétroaction

Nous avons examiné jusqu'ici les causes initiales du réchauffement climatique induit par l'homme. C'est déjà un sacré problème, mais il y a peut-être pire: les hausses de température perturbent, à leur tour, les cycles de l'eau, du carbone, de l'ensoleillement, de la biosphère..., de telle manière que ce réchauffement

Champ de tournesols. Il faut préserver la biomasse qui est aussi un puits de carbone.

Ce paysage de brume peut paraître bien romantique..., mais la brume c'est, avant tout, de la vapeur d'eau, qui est l'une des composantes de l'effet de serre..., ici avec des ruminants qui produisent du méthane...

amorcé par notre imprudente civilisation s'autoamplifie lui-même ! Ces phénomènes, baptisés rétroactions par les climatologues, pourraient bien devenir le souci majeur de l'humanité dans les siècles à venir ! Cela mérite bien que l'on s'y arrête un peu.

La vapeur d'eau

On l'a vu dans le premier chapitre, la vapeur d'eau est le gaz qui contribue le plus à l'effet de serre. Avec le réchauffement, les températures augmentent dans les basses couches de l'atmosphère. Or plus l'air est chaud, plus il peut se charger en humidité. Les basses couches peuvent ainsi en emmagasiner davantage. Cette quantité accrue de vapeur d'eau augmente à son tour le réchauffement, qui augmente à son tour la vapeur d'eau, qui augmente à son tour le réchauffement, qui... Vous l'avez compris, ce cercle vicieux autoalimenté n'est pas près de prendre fin.

■ **Rétroactions positive et négative.** Ceci n'est pas le seul mécanisme de rétroaction lié à la vapeur d'eau. En élevant les températures au-dessus des terres et des océans, le réchauffement génère davantage d'évaporation et accroît donc la nébulosité. Ceci déclenche à son tour deux rétroactions différentes. L'une est dite positive parce qu'elle renforce le réchauffement, l'autre est dite négative parce que ses effets s'opposent à la cause initiale, c'est-à-dire qu'ils réduisent le réchauffement. Ces phénomènes sont très complexes, mais peuvent néanmoins s'expliquer très simplement : la rétroaction négative est due au fait que les nuages réduisent la quantité de rayonnement solaire venant réchauffer la Terre. Moins de soleil = moins de chaleur : c'est l'effet parasol. Enfin une bonne nouvelle, non ? Mais il faut le dire vite, car les nuages chargés de vapeur d'eau renforcent aussi l'effet de serre. Nous sommes donc aussi en présence d'une rétroaction positive.

Laquelle des deux est la plus importante ? Bien que les problèmes de rétroaction liés aux nuages soient parmi les plus complexes que les climatologues aient à résoudre, une donnée simple fait pencher la balance entre ces deux phénomènes vers davantage de réchauffement. C'est tout simplement le fait que l'effet parasol qui nous protège du soleil n'agit que pendant la journée, tandis que l'effet de serre, lui, agit aussi la nuit.

...là avec une voiture à essence qui produit du CO_2 !

Forêt
dans les montagnes
de Kaw
(Guyane française).

Le cycle du carbone

Le deuxième gaz à effet de serre vous le savez, c'est le carbone. Son cycle lent et complexe est lui aussi considérablement bousculé par le réchauffement d'origine anthropique. Nous trouvons là de magnifiques rétroactions.

Tout d'abord au niveau de l'océan. Le CO_2, grâce à son pouvoir d'effet de serre, réchauffe les eaux de surface ; malheureusement pour nous, il se dissout moins bien dans l'eau chaude que dans l'eau froide. Nous avons vu précédemment que le réchauffement menaçait de ralentir, voire même d'interrompre la circulation thermohaline. Malheureusement pour nous, encore une fois, la circulation thermohaline permet au carbone de se sédimenter pour former, au cours d'un long processus, toutes les roches qui contiennent des carbonates. Si cette circulation devait s'interrompre, le carbone dissous dans les océans referait surface et regagnerait l'atmosphère au bout de quelques siècles.

■ **Les rétroactions liées au dioxyde de carbone** sont nombreuses au niveau de la biosphère. D'un côté, l'augmentation du CO_2 dans l'air favorise la croissance des plantes, ce qui devrait donc augmenter la capacité du puits de carbone continental (rétroaction négative), mais d'un autre côté, l'augmentation des températures accélère la décomposition des matières organiques et de l'humus qui relâchent alors dans l'atmosphère le CO_2 capté par les plantes (rétroaction positive).

La quantification de ces effets est très complexe, mais de nombreux progrès ont été réalisés. L'état de nos connaissances scientifiques permet d'estimer qu'à ce jour, la rétroaction du réchauffement sur la biosphère stocke davantage de carbone qu'elle n'en émet. Hélas, les climatologues prévoient que cet effet pourrait s'inverser si l'augmentation des températures se poursuit. Les dernières études tendent à montrer que la biosphère commence à s'essouffler elle aussi.

Albedo ? Qu'es aco ?

L'albedo (mot latin, comme nombre de termes climatiques, qui signifie « blancheur ») est la mesure de la capacité d'une surface à réfléchir la lumière (en ce qui nous concerne : le rayonnement solaire). On peut l'exprimer soit par un pourcentage (portion de lumière réfléchie par rapport à la quantité reçue), soit par un chiffre entre 0 et 1 :

Pluie sur une feuille
de chêne.

Page précédente :
Paysage enneigé.
La neige réfléchit beaucoup la lumière et renvoie 98 % du rayonnement solaire...

...alors que le sable n'en renvoie que 30 % seulement.

– un corps qui réfléchit la totalité de la lumière solaire, comme par exemple un miroir, aura un albedo de 1,
– un corps qui l'absorbe à 100 %, par exemple une surface mate et noire, aura un albedo de 0.

Ainsi, la Lune qui est dépourvue d'atmosphère a un albedo de 0,12, alors que Vénus dont l'atmosphère est très dense en a un de 0,64. C'est pour cette raison qu'elle semble briller plus que les autres planètes dans le ciel.

Avec son albedo de 0,3, la Terre renvoie 30 % du rayonnement solaire vers l'espace. Si l'atmosphère et les nuages sont responsables de la majeure partie de cet effet réfléchissant, le rôle de la surface terrestre est loin d'être négligeable.

Bien évidemment, l'albedo dépend de la physionomie du paysage. Ainsi la neige pure renvoie jusqu'à 98 % du rayonnement, un glacier 50 %, un désert de sable 30 %. Cet albedo chute encore s'il s'agit de forêts ou d'océans qui réfléchissent 5 à 15 % de la lumière reçue. Le pire des cas est celui d'un sol particulièrement sombre qui peut absorber la quasi-totalité du rayonnement.

■ Pas besoin d'être un grand savant pour deviner l'**effet de rétroaction positive**.Le réchauffement diminue les chutes de neige, accélère leur fonte ainsi que celle des glaciers et des banquises qui se réduisent comme peau de chagrin. Les neiges des régions bordant l'océan Arctique sont remplacées par de la végétation qui absorbe la chaleur et amplifie ainsi le réchauffement.

Pour ne rien arranger, tous les modèles climatiques prévoient que les régions polaires seront les plus fortement touchées par le réchauffement.

Ça chauffe aussi sous nos pieds !

Le pire, c'est sans doute ce qui se passe en dessous. Une équipe de botanistes britanniques et russes ont découvert, en 2005, que le permafrost avait déjà commencé à fondre en Sibérie occidentale sur une superficie d'1 million de kilomètres carrés (l'équivalent de la France et l'Allemagne réunies !), relâchant de grandes quantités de ce gaz au pouvoir de réchauffement 23 fois supérieur au CO_2, j'ai nommé : le méthane. Ce phénomène récent est directement imputable au réchauffement. C'est la première fois que la plus vaste zone gelée de la planète se met à fondre depuis sa formation, il y a 11 000 ans, lors de la dernière période glaciaire.

Hêtres enneigés en hiver dans le Jura (France).

Blocs de glace échoués sur la plage Jökulsárlón (Islande).

■ Les paléoclimatologues estiment que **la rétroaction de la neige** a joué un rôle important dans le déclenchement des cycles glaciaires-interglaciaires.

Dans les périodes où l'activité solaire était plus faible, la Terre se couvrait de glace et de neige qui réfléchissaient la lumière et amplifiaient le refroidissement. Maintenant, c'est l'inverse. Plus ça chauffe, plus ça fond, et plus ça réchauffe, et plus... Désolé, mais on n'est pas sortis de l'auberge.

Les aérosols : amis ou ennemis ?

Les aérosols sont des particules solides ou liquides, ayant une taille comprise entre 0,01 et 10 microns, assez légers pour pouvoir rester en suspension dans l'air pendant un certain temps.

D'où viennent-ils ?

Il faut distinguer les aérosols naturels, comme les poussières des déserts ou les suies des volcans, des aérosols d'origine anthropique comme, par exemple, les particules émises par la combustion du pétrole, du charbon ou du bois, les poussières soulevées par les carrières ou la circulation routière. À plus faible échelle, les poussières que soulève votre balai sont aussi des aérosols, mais elles ont vite fait de se redéposer sur votre parquet bien propre et n'ont pas grand effet sur le climat.

■ **Les activités humaines génèrent aussi des « précurseurs d'aérosols »**, c'est-à-dire des gaz qui, une fois relâchés dans l'atmosphère, vont former des aérosols par le biais de processus chimiques ou physiques. Ces précurseurs proviennent majoritairement de nos émissions de *dioxyde de soufre* (SO_2) issues de la combustion du pétrole et du charbon (eh ! oui, pétrole et charbon contiennent aussi du soufre à l'état naturel).

L'agriculture émet également des précurseurs d'aérosols en quantité plus faible. Ce sont les *oxydes d'azote* (NO_X) générés par l'utilisation des engrais.

Des alliés peu fiables

Si je vous parle des aérosols, c'est que, vous vous en doutez bien, ils influencent le climat.

■ **Certains aérosols possèdent de fortes capacités réfléchissantes**. Ils renvoient ainsi une partie du rayonnement vers l'espace. C'est l'effet parasol.

Fours à charbon de bois des Minas Gerais (Brésil).

Page précédente :
Tempête de sable
sur la ville de Gao (Mali).

Éruption volcanique
sur l'île de Montserrat
(Antilles britanniques),
observée depuis
la Guadeloupe.

On sait par exemple que l'éruption du volcan Pinatubo (Philippines), par les nombreuses particules émises dans la stratosphère, a refroidi le climat de la Terre d'1 ou 2/10e de degrés pendant deux ou trois ans.
C'est aussi le cas du dioxyde de soufre stratosphérique, gaz que l'on qualifie de refroidissant. Mais ceci n'est qu'une demi-bonne nouvelle, car ce gaz a aussi d'autres propriétés et, notamment, une forte incidence sur la santé des humains, chez qui il provoque troubles et maladies respiratoires. C'est lui, aussi, qui est responsable des redoutables pluies acides qui détériorent les écosystèmes. Il cause tant de soucis environnementaux que les réglementations nationales et internationales en ont limité les rejets. C'est, par exemple, le but du pot catalytique qui équipe les voitures modernes.

■ **D'autres aérosols absorbent le rayonnement infrarouge et contribuent à l'effet de serre**. Comme pour l'ozone, l'altitude à laquelle se trouvent ces gaz est déterminante. Des suies répandues dans la stratosphère augmentent l'effet parasol, mais dans la troposphère, elles augmentent l'effet de serre ! Cependant, l'albedo des aérosols n'est pas leur seule incidence sur le climat.

De l'influence des aérosols

Les aérosols agissent aussi indirectement sur la formation des nuages et peuvent aussi avoir une influence non négligeable sur les précipitations.

■ **Sur les nuages**. Ils servent de noyaux de condensation et modifient la taille et le nombre des gouttelettes d'eau nuageuses en altérant leur albedo et leur durée de vie.

■ **Sur les précipitations**. Des études ont montré que le surpâturage et les pratiques agricoles intensives qui épuisent les sols favorisent la mise en suspension de poussières qui remontent dans les nuages et génèrent des gouttes d'eau de toute petite taille, réduisant ainsi les précipitations, accentuant les sécheresses et alimentant ainsi le réchauffement. Encore un bel exemple de rétroaction positive.

■ **Sur la banquise**. Des études récentes ont aussi révélé que ces particules, en se déposant sur les neiges et les glaces de la banquise, l'obscurcissent et réduisent donc son albedo.

Qu'ils soient naturels ou d'origine anthropique, on voit qu'on ne peut malheureusement pas compter du tout sur les aérosols pour contrebalancer l'effet de serre. D'autant plus que, contrairement aux gaz à effet de serre, leur durée de vie dans l'atmosphère est finalement assez courte et leur impact reste local...

Les modèles informatiques

Au début du chapitre précédent, nous avons évoqué les modèles informatiques qui permettent aux climatologues de faire des prévisions à longue échéance. Mais qu'est-ce qu'un «modèle informatique» ? Concrètement, et en simplifiant à l'extrême, on pourrait dire qu'il s'agit de gros ordinateurs qui font des tas de calculs. Bien sûr, c'est beaucoup plus que ça.

Une tempête en forêt, une forêt modèle, replantée par la main de l'homme.

Un modèle à suivre

Un modèle, c'est une planète virtuelle. Éclairée par le Soleil, elle tourne en faisant son petit effet Coriolis. On y retrouve les océans avec leurs courants de surface et leur circulation «thermohaline». Ils sont bordés par les continents avec leurs reliefs, leurs végétations et leurs particularités. Ils sont sous l'influence de l'atmosphère avec son oxygène et son vilain CO_2 anthropique, ses tempêtes, ses chutes de neige et ses nuages…

On y entre tout ce que l'on sait des lois qui régissent l'Univers, faisant appel pour cela à toutes sortes de spécialistes, comme des glaciologues, des biologistes, des astronomes, des physiciens, des chimistes, etc. On y ajoute, au fur à mesure, toutes les nouvelles découvertes concernant le fonctionnement du climat… et on finit par obtenir une vraie planète Terre pour de faux, qui se comporte, en gros, comme la vraie ! Imaginez l'émotion des chercheurs quand, après des années de travail, ils peuvent enfin faire tourner leur planète numérique et la voient alors reproduire nos alizés, nos dépressions, nos anticyclones et nos saisons !

Pour être sûr qu'elle est vraiment fidèle à la réalité, ils vérifient qu'elle est capable de reproduire les climats du passé avec les glaciations... et tutti quanti. Et après, ils jouent avec.

Par exemple, ils lui font avaler du CO_2 et ils regardent ce que ça lui fait. Sur l'écran de l'ordinateur où la chaleur se visualise en rouge, ils observent notre bonne vieille Terre en train de se colorer. C'est très joli et c'est aussi très instructif.

Le temps des planètes virtuelles

Les premiers modèles datent des années 1960. Les progrès de l'informatique ont

Oh ! les beaux cirrocumulus qui ne présagent rien de bon…

Cumulus sur cyprès chauve en Floride (États-Unis).

permis de les améliorer considérablement. Rien qu'entre 1980 et aujourd'hui, leur temps de calcul a été divisé par 100 !

■ **Les premiers modèles** étaient des représentations très simplifiées de la réalité. Ils n'étaient pas pour autant dénués d'intérêt. C'est l'un d'entre eux qui a permis de vérifier la théorie d'Arrhénius, (vous vous souvenez peut-être, c'est ce Suédois qui, le premier, avait démontré que les températures étaient liées à la concentration de CO_2 dans l'atmosphère). Il s'agissait pourtant d'un modèle très simplifié qui ne prenait en compte que le bilan radiatif de la Terre (rapport entre le rayonnement reçu par la Terre et celui qu'elle renvoie dans l'espace). Cela ne l'a pas empêché de montrer que la planète allait se réchauffer de quelques degrés d'ici la fin du siècle.

Ce modèle était très réaliste pour ce qui est des températures globales, mais ne faisait pas grand cas des variations de températures en fonction des diverses régions de la planète.

Le travail des climatologues au cours des dernières décennies a principalement consisté à complexifier ces modèles pour les amener à prendre en compte de plus en plus de paramètres, comme les transports d'énergie océaniques et continentaux, le rôle de la biosphère, des diverses rétroactions, etc.

■ **Les modèles actuels**, malgré leur complexité croissante, ne font que confirmer et affiner les résultats de leurs aînés. Une augmentation de CO_2 produit toujours une augmentation des températures. La différence essentielle, c'est qu'on sait maintenant avec un peu plus de précision où, quand et combien.

■ **Les modèles actuels ne sont pas pour autant totalement réalistes**. L'Univers est bien trop complexe pour être synthétisé dans un ordinateur, fût-il le plus puissant du monde. Des processus comme la formation des nuages ne pourront jamais être exactement représentés. Cela n'empêche pas de tester diverses hypothèses et de définir une fourchette de résultats documentés. Les modèles fournissent un cadre vérifiable et déterminé dans lequel on peut tester toutes sortes d'hypothèses climatiques.

Ces planètes virtuelles ne sont pas des jouets grand public, il n'en existe qu'une quinzaine au monde. Plus de 2 000 scientifiques travaillent dessus, et ils sont au moins 10 fois plus à avoir participé à leur conception !

La cote des mailles

Malgré l'infinie complexité que nous venons d'évoquer, les principes généraux qui participent à la mise au point d'un modèle climatique sont assez simples.

Dans son quatrième rapport (2007), le GIEC indique que les prévisions du premier rapport (1990) pour le début de ce siècle se sont d'ores et déjà réalisées. Il prévoyait une hausse de la température moyenne allant de 0,15 °C à 0,3 °C par décennie ; elle l'a été de 0,2 °C.

Les incendies de forêt étaient jadis dus aux hasards de la nature. Ils sont aujourd'hui la conséquence de la bêtise humaine ou du réchauffement climatique (qui est aussi une conséquence de la bêtise humaine, d'ailleurs).

Dans un premier temps, on traduit en équations mathématiques les lois qui régissent notre climat, on transforme ensuite ces équations en lignes de codes informatiques, nommées algorithmes.

Ensuite, il faut faire un choix car l'ordinateur ne peut pas traiter chaque mètre carré de la planète. On définit donc des «mailles», c'est-à-dire que l'on quadrille la terre d'abord horizontalement, puis verticalement, de façon à former des petits cubes empilés les uns sur les autres à mesure que l'on monte dans les différentes couches de l'atmosphère.

Plus les mailles seront serrées, plus le modèle sera précis localement. C'est ainsi que certains modèles qu'on appelle régionaux utilisent de petites mailles de 50 kilomètres au-dessus de la région qui les intéressent et se contentent de simuler le reste de la planète par des mailles qui peuvent mesurer plus de 1 000 kilomètres de côté. Pour donner un ordre de grandeur, dans un modèle global, un pays de la superficie de la France sera à cheval sur 4 ou 5 mailles tout au plus. Cela peut paraître bien sommaire quand on sait que le temps peut changer entre deux vallées distantes de seulement quelques kilomètres, mais c'est largement suffisant pour prévoir le climat qui règnera sur la France à la fin du siècle.

Champ de céréales parsemé de bleuets dans l'Aveyron (France).

Incertitudes et certitudes

Une des premières sources d'incertitude des modèles vient, comme nous l'avons vu, de la schématisation des processus qui régissent le climat. Cette schématisation ne produit pas nécessairement des erreurs, mais plutôt des imprécisions. Par exemple, la plupart des modèles ne différencient pas les gaz à effet de serre. Ils additionnent leurs effets et les considèrent comme une seule et même entité à effet de serre. Dans la mesure où cette addition est juste, la simplification n'est pas source d'erreurs, mais elle ne permet pas de connaître avec précision l'effet des différents gaz.

Jean-Marc Jancovici, ingénieur spécialiste du réchauffement climatique, illustre ce problème par une belle métaphore: «Le plan de l'architecte ne reproduit pas tous les détails du futur bâtiment, mais seulement les "choses les plus importantes" : pour autant, se fera-t-on une mauvaise idée de la facilité avec laquelle on circulera dans le bâtiment?»

Des processus perfectibles

La façon dont les modèles tiennent compte de certains processus climatiques est encore un peu rudimentaire au goût des modélisateurs du climat qui travaillent d'arrache-pied pour les améliorer. Parmi ces processus perfectibles, on peut citer: les nuages, les aérosols, l'ozone anthropique, certains aspects du cycle du carbone, du méthane et du protoxyde d'azote.

La prise en compte de ces processus s'est néanmoins considérablement améliorée ces dernières années. Chaque nouveau rapport du GIEC fait état de ces progrès et de ces améliorations.

Des incertitudes demeurent et demeureront toujours, mais ce n'est pas une raison pour se passer du seul outil qui permette d'évaluer les conséquences de notre développement sur le système climatique.

Ce n'est pas un hasard si tous ces modèles arrivent sensiblement aux mêmes résultats. Ils ont beau être conçus par des gens différents, obéir à des séquences d'algorithmes différentes, la fourchette d'écarts entre leurs résultats est très réduite. Par exemple, le modèle anglais «chauffe» un peu plus que le

Ciel pommelé par de nombreux altocumulus, à Tucson, en Arizona (État-Unis).

Une forêt tropicale humide à Canaima (Venezuela).

nôtre, mais dessine néanmoins pour l'avenir le même monde réchauffé par les mêmes causes et victime des mêmes rétroactions.

Prévision de la réaction humaine

(indice de confiance faible...)

La majorité des décideurs qui président au destin de l'humanité sont désormais informés du péril climatique. Le grand public est en train d'en prendre conscience. Quelle sera notre réaction au réchauffement climatique. Rétroaction positive ? Ou négative ?

Il est impossible de faire des prévisions dans ce domaine. C'est pourquoi les chercheurs du GIEC ont conçu plusieurs scénarios. Établis par des socio-économistes, ce sont des projections cohérentes de l'évolution de nos sociétés en termes de démographie, de modes de développement économique, de choix sociaux et économiques. Ainsi, quand le GIEC annonce que le climat va se réchauffer d'ici la fin du siècle de 1,5 °C à 5,8 °C, cette fourchette ne décrit pas une incertitude, mais notre marge de manœuvre. Elle signifie que si nous faisons notre possible pour ralentir le réchauffement, celui-ci pourrait être au minimum de 1,5 °C et que si nous ne faisons rien, il atteindra les 5,8 °C.

L'impact du réchauffement climatique

Le quatrième rapport du GIEC (2007) atteste de façon indéniable que l'activité de l'homme est responsable du réchauffement en cours. Il précise que l'impact des émissions humaines sur celui-ci dépasse désormais de cinq fois celui des variations solaires, ce qui discrédite les thèses défendues par le lobby pétrolier.

Ce document fait état d'une considérable augmentation du nombre de travaux et d'études relatives aux tendances observées dans l'environnement physique et biologique en relation avec le réchauffement climatique.

Leur synthèse aboutit à la conclusion que de nombreux systèmes naturels marins et continentaux sont déjà largement affectés par le réchauffement d'origine anthropique !

Page précédente:
Plate-forme pétrolière.

Vue aérienne
d'une inondation
de la Somme en Picardie
(France).

Les constats à ce jour

Des perturbations et changements liés à cette hausse des températures ont été également observés dans les différents systèmes et écosystèmes.

■ **Les concentrations de gaz carbonique** dans l'atmosphère sont aujourd'hui à des niveaux jamais atteints depuis 650 000 ans: 383 ppm en 2005 contre 280 ppm avant l'ère industrielle, avant 1850.

■ **La température moyenne de la terre** a augmenté de 0,74 °C au cours des cent dernières années. Onze des douze dernières années figurent au palmarès des années les plus chaudes depuis 1850 et le dernier demi-siècle a été le plus chaud depuis 500 ans !

■ **Le nombre de journées et de nuits froides** a diminué, mais celui des journées et des nuits chaudes a augmenté.

■ **La température moyenne des océans** a augmenté jusqu'à des profondeurs atteignant 300 à 400 mètres. Leur niveau s'est élevé de 17 centimètres au cours du XXe siècle et de 3 millimètres par an entre 1993 et 2003, soit le double de la moyenne enregistrée durant tout le XXe siècle.

■ **Les cyclones tropicaux** sont devenus plus fréquents et plus intenses.

■ **Les températures de l'Arctique** ont augmenté deux fois plus vite que celles des autres parties du globe.

■ **Les glaces de terre et de mer** ont spectaculairement reculé, de même que l'enneigement a fortement diminué.

■ **Les écosystèmes des régions polaires**, incluant les prédateurs de la partie supérieure de la chaîne alimentaire, sont déjà violemment perturbés.

■ **On observe aussi de grands changements dans les systèmes hydrologiques** ; le débit des rivières alimentées par la fonte des neiges et des glaciers a augmenté. Avec la hausse des températures, la qualité de l'eau s'est dégradée.

■ **Au niveau des systèmes biologiques terrestres**, on a relevé nombre d'événements printaniers précoces. Les arbres, par exemple, bourgeonnent plus tôt, la nature s'éveille prématurément. De même, la migration des oiseaux et la ponte sont elles aussi en avance. D'une manière générale, les aires de répartition de nombreux animaux se sont déplacées vers les pôles et les régions d'altitude.

■ **L'effet du réchauffement sur les systèmes biologiques marins et d'eau douce** a aussi été largement analysé. On peut citer, entre autres, des variations dans les aires de distribution et l'abondance des algues, des planctons et des poissons dans les océans de haute latitude. Ces derniers migrent précocement et changent d'aire de répartition dans les rivières.

Page précédente:
Oies cendrées volant au-dessus du viaduc de Millau (France).

Iceberg et fissure dans la banquise en Terre Adélie (Antarctique).

Les conséquences pour l'avenir

Quelques degrés de plus, si ce n'était que cela, ce ne serait pas bien grave, certains même pourraient penser que c'est une aubaine (des températures plus douces, moins de frais de chauffage et de vêtements...).

Hélas, le réchauffement ne se limite pas à l'augmentation des températures.

Il entraîne une cohorte de conséquences qui seront lourdes pour l'homme et la planète.

Tout d'abord, il faut être conscient que lorsqu'on parle d'une augmentation de 2,5 à 6 °C des températures, il s'agit d'une abstraction qui désigne la moyenne des températures enregistrées à la surface de la Terre. Celle-ci est pour l'instant d'environ 15 °C. Pour vous donner un ordre de grandeur, l'écart de température moyenne qui nous sépare de la dernière glaciation est de 4 °C seulement!

■ **La différence de climat entre aujourd'hui et la fin de ce siècle** sera donc vraisemblablement plus importante qu'entre aujourd'hui et la dernière ère glaciaire. À cette époque, le renne vivait dans le sud de la France et les collines des Côtes du Rhône avaient un petit air de toundra finlandaise.

■ **Le réchauffement ne sera pas uniforme sur la planète**. Les températures changeront peu dans certains lieux, mais en d'autres, comme par exemple, la région arctique, la hausse pourrait atteindre les 11 °C avant la fin du siècle! Selon l'Observatoire national du réchauffement climatique, le réchauffement constaté aujourd'hui en France métropolitaine est d'environ 50 % plus important que le réchauffement moyen sur le globe. Si cette tendance devait se poursuivre, cela impliquerait qu'un réchauffement de 2 °C du globe se traduirait en France par un réchauffement de 3 °C, ou dans le cas le plus pessimiste, un réchauffement global de 6 °C par un réchauffement chez nous de 9 °C!

■ **Le réchauffement estival sera nettement plus marqué que le réchauffement hivernal**. Un été caniculaire comme celui de 2003 deviendra au cours du siècle un été «normal». Je vous laisse imaginer ce que sera un été caniculaire pour la fin du siècle.

Manchots empereurs glissant sur la banquise (Antarctique).

Iceberg issu du glacier dans la baie de Disko (Groenland).

Notre futur sera donc beaucoup plus chaud que notre présent. Voyons maintenant dans le détail les conséquences de cette augmentation des températures.

La fonte des glaces

La fonte des glaces de mer

Les prévisions de fonte de la banquise du pôle Nord, faites par les tout premiers modèles climatiques, ont été confirmées par la Nasa grâce à l'observation par satellite. Sa superficie n'a jamais été aussi réduite depuis plus d'un siècle. En 2005, son étendue était déjà de 25 % inférieure à celle mesurée dans les années 1980. Selon les spécialistes, le point de non-retour a été atteint. La fonte est désormais accélérée par la rétroaction positive de l'albedo (le rayonnement solaire n'est plus réfléchi par les glaces, il chauffe les eaux de surface qui font fondre la glace, comme l'eau dans un bol de glaçons oublié au soleil après l'apéro).

À ce rythme-là, la banquise disparaîtra totalement un été, vers 2070 environ! Certains n'y voient pas que des inconvénients. Cela permettra d'ouvrir toute l'année la route maritime du pôle Nord qui raccourcira considérablement les distances entre les continents de l'hémisphère Nord. Un point non négligeable en des temps où l'avion, émetteur de GES, sera totalement disqualifié pour le transport de marchandises. Les pétroliers, eux aussi, se frottent les mains en pensant aux vastes réserves de pétrole « off shore » qui dorment sous la banquise.

On aurait pourtant tort de prendre la disparition de la banquise du pôle Nord à la légère. Ce phénomène ne s'étant pas produit depuis plus d'1 million d'années, les climatologues ne sont pas en mesure de prédire totalement son impact sur le système climatique global, mais ils s'inquiètent des rétroactions comme la perte d'albedo, ou l'arrêt probable de la circulation « thermohaline ».

La fonte des glaces de terre

Vous ne serez pas surpris, j'imagine, si je vous annonce que le réchauffement a aussi un impact sévère sur les glaciers continentaux. Cette fonte est parfois due à un changement du régime des précipitations qui alimentent les glaciers mais, la plupart du temps, c'est l'augmentation des températures qui en est la cause majeure.

Pénitents de glace sur un haut sommet de Bolivie.

Ouvriers allant à l'usine dans une rue inondée au Bangladesh.

Les glaciers alpins

■ En France et en Suisse, on observe déjà un recul important de la totalité des glaciers de montagne. Leur masse a, elle aussi, beaucoup diminué. Des études menées entre 2004 et 2005 sur 91 glaciers suisses ont montré que 84 d'entre eux avaient reculé durant cette période de manière sensible. Si 7 d'entre eux n'ont pas bougé, c'est essentiellement parce que le comportement dynamique des glaciers induit un certain retard de la fonte par rapport à l'influence du réchauffement qui en est la cause. Le plus grand recul enregistré est celui du glacier Triftgletscher qui s'est rétrécit de plus de 216 mètres en 1 an ! Et ce n'est qu'un début. Les scientifiques craignent que tous les glaciers alpins ne disparaissent avant la fin du siècle !

Les glaciers tropicaux

Les glaciers tropicaux sont soumis à une pression encore plus importante du réchauffement.

■ **En Afrique**, les glaciers n'atteindront pas la fin du siècle. Les glaciers des montagnes Rwenzori, situées entre le Congo et l'Ouganda, sont surveillés depuis près d'1 siècle. Ils ont réduit de moitié en l'espace de 20 ans. Ainsi, le glacier Elena, qui date de plus de 300 000 ans, recule de 10 à 15 mètres par an. Ces glaciers qui alimentent le fleuve Nil pourraient tous disparaître d'ici deux à trois décennies. De même, les glaciologues estiment que les neiges du Kilimandjaro pourraient disparaître d'ici à 2020 !

■ **Dans l'Himalaya**, dont les glaciers recouvrent 32 000 kilomètres carrés, la situation n'est pas meilleure. Tous sont en voie de disparition ! Ainsi, le glacier Gangotri qui alimente le Gange recule de 23 mètres par an. Celui de Bara Shigri, un des glaciers les plus importants d'Inde, recule de 36 mètres par an.
Les photographies satellites de la région montrent une diminution des glaciers de 21 % au nord de l'Himachal Pradesh.

Les répercussions de cette fonte sur les fleuve Gange, Brahmapoutre et Indus seront énormes. Leurs débits atteindront un pic entre 2050 et 2070, avec des crues dévastant les cultures et les habitations, provoquant d'énormes glissements de terrain dans les vallées, puis ils commenceront à se tarir.

■ **Les glaciers de la cordillère des Andes,** qui sont les plus vastes sous les tropiques, ne s'en tireront pas mieux. Au Pérou, où se trouvent 70 % des glaciers tropicaux de la planète, les Andes ont perdu au moins 22 % de leur surface glaciaire depuis 1970, et la fonte ne cesse de s'accélérer. À ce rythme, la plupart d'entre eux auront disparu avant 20 ans. On peut citer l'exemple du glacier de la montagne Chacaltaya, en Bolivie, qui était l'endroit skiable le plus haut en altitude du monde et qui aura totalement disparu en 2008 ou 2009 ! Un autre exemple frappant, celui du glacier péruvien Quelccaya, la plus grande calotte glaciaire tropicale du monde, qui recule d'environ 60 mètres par an !

Les glaciologues indiens estiment que le réchauffement des températures ne fait pas seulement fondre les glaciers. Il écourte aussi les périodes pendant lesquelles ces derniers se forment et transforme les neiges de la mousson en pluies.

La débacle de la banquise en Terre Adélie (Antarctique).

■ **Les glaciers des hautes latitudes et des régions polaires.** Ils sont logiquement moins menacés. Des études réalisées dans les îles Spitzberg, au large de la Norvège, ont toutefois montré que la fonte des glaciers s'était notablement accélérée au cours des dernières années. Là encore, les spécialistes imputent ce retrait au réchauffement climatique global.

La biodiversité

La vie (animale et végétale) fait partie des processus qui régulent le climat. Inversement, tout ce qui vit sur terre est dépendant du climat. Il est donc évident que le réchauffement aura de profondes conséquences sur la biodiversité.

Quantifier ces conséquences n'est cependant pas simple et soulève de nombreuses polémiques. Tout d'abord parce qu'il est difficile de distinguer l'impact du réchauffement des différentes menaces que l'humanité fait peser sur les autres espèces vivantes : on peut citer, par exemple, la pollution, l'urbanisation, l'agriculture et l'élevage intensif, la déforestation, la destruction des zones humides, ou tout simplement la croissance démographique.

Fréquemment, on entend dire que le climat a souvent changé et que la biodiversité s'est toujours adaptée. C'est en partie vrai, mais les adaptations dont on parle se sont déroulées sur des périodes de plusieurs centaines de milliers d'années. Cette fois-ci, les écosystèmes n'auront que quelques décennies pour s'adapter.

Il faut aussi considérer que la biodiversité n'a pas toujours réussi à s'adapter à de nouvelles conditions. Dans l'histoire de la terre, on ne dénombre pas moins de dix-sept périodes d'extinction massive des espèces, dont celle du permien, la pire, qui a provoqué la disparition de 80 voire 95 % des espèces ! À chaque fois, le climat a joué un rôle déterminant dans ces disparitions.

Selon les études, entre 30 et 70 % de la biodiversité pourrait disparaître d'ici la fin du siècle ! Jamais l'humanité n'a connu une telle extinction massive des espèces en si peu de temps. Ce sera l'une des pires de l'histoire de la planète depuis l'apparition de la vie il y a 3,5 milliards d'années !

Ce sera aussi un fait inédit dans l'histoire de la Terre : jamais auparavant une espèce n'avait déclenché l'extinction

Ours polaire en Terre de Baffin (Canada).

Colonie de manchots Adélie sur une plaque de banquise qui dérive.

massive des autres. Nous avons d'ores et déjà engagé un processus de destruction massive de la biodiversité, et bien malin celui qui saurait dire combien de temps nous lui survivrons.

Les animaux

Quels que soient les chiffres, une chose est sûre: nos petits-enfants ne connaîtront ni les ours blancs, ni les pingouins, ni les manchots, ni de nombreux papillons ou oiseaux qui peuplaient autrefois nos campagnes, ni même la plupart des espèces de grenouilles, ni...

Si l'on voulait faire une liste exhaustive des espèces menacées par le réchauffement, toutes les pages de ce livre n'y suffiraient pas. Essayons plutôt de comprendre quel danger le réchauffement fait peser sur les animaux.

Les zones de répartition

Pour nombre d'animaux, réchauffement signifie déplacement de leur zone de répartition vers le nord ou en altitude. Mais cela n'est pas sans poser de lourds problèmes dans un environnement où l'homme a semé tant d'obstacles difficiles à franchir (villes, routes, agriculture, etc.) De même, leur implantation pose des problèmes à la faune et à la flore locales. C'est ainsi que l'infortuné renard arctique, déjà sous la pression de la dégradation de son environnement, est maintenant menacé par son cousin d'Amérique, le renard roux, qui trouve au nord de meilleures conditions que dans son habitat d'origine.

La toundra

Les animaux des régions de toundra se retrouvent eux aussi pris au piège du réchauffement. Le renard blanc n'y survivra pas, ni le bœuf musqué, ni le renne d'Amérique du Nord, pour ne citer qu'eux.

David Lavigne, un scientifique canadien qui étudie l'impact du réchauffement sur les phoques a récemment déclaré: «Il est très probable que cette année (2007) nous pourrions avoir près de 100 % de mortalité de bébés phoques dans le Golfe du Saint-Laurent, en raison des mauvaises conditions de la glace causées par la hausse des températures.»

Les migrateurs

On pourrait penser que les animaux migrateurs s'en sortiront mieux que leurs confrères sédentaires. Hélas, ce sera encore pire pour eux. Le réchauffement climatique perturbe l'horloge biologique d'espèces migratoires telles que les chauves-souris, les dauphins, les antilopes, les tortues, les oiseaux,

LA CALOTTE POLAIRE

Le cas le plus évident est celui des espèces qui vivent sur les calottes polaires que le réchauffement est en train de détruire. Les ours polaires, par exemple, seront totalement décimés d'ici 20 ou 40 ans au mieux. Aujourd'hui déjà, ces ours qui mettaient au monde des triplés ne mettent bas qu'un seul ourson, leur temps de sevrage est passé de 18 à 12 mois, leur poids moyen a baissé de 15 % en 20 ans! Idem pour les manchots, ou les petits pingouins qui se nourrissent de planctons que le réchauffement détruit.

Vue aérienne de la grande barrière de corail (Australie).

les baleines, etc. De nombreuses espèces tendent à entamer leur migration au mauvais moment ou à ne pas l'entreprendre du tout, le passage d'une saison à l'autre se faisant moins marqué. Cela les rend plus vulnérables aux canicules, aux sécheresses et au froid.

Chez les oiseaux, par exemple, les grues passent de plus en plus souvent l'hiver en Allemagne plutôt qu'en Espagne ou au Portugal. Elles sont alors à la merci d'un hiver rigoureux qui pourrait décimer leur population. De même, de nombreuses espèces migratoires sont très vulnérables car leur survie dépend de plusieurs sites pour se reproduire, passer l'hiver et faire escale au cours de leur migration. La modification des conditions climatiques dans un seul de ces milieux les met en danger. Par exemple, les migrations précoces les font arriver dans des régions où la végétation dont elles se nourrissent n'a pas encore poussé. De nombreux oiseaux qui nichent à même le sol de la toundra sont dorénavant menacés par des prédateurs qui vivaient autrefois plus au sud. En outre, la hausse du niveau des mers pourrait submerger l'habitat naturel de nombreux oiseaux côtiers. De même, les baleines peinent de plus en plus à trouver le poisson et le plancton dont elles se nourrissent parce qu'ils remontent vers les pôles à cause du réchauffement des océans.

Nos cousins mammifères

Les mammifères terrestres ne sont guère mieux lotis. S'ils ne figurent pas aujourd'hui en tête du classement des espèces condamnées à disparaître, cela pourrait changer très vite. Nombre d'entre eux sont déjà remontés vers le top du classement ces dernières années. C'est par exemple le cas du singe hurleur en Amérique centrale, ou du lynx d'Espagne, de l'antilope saïga et du phoque moine en Europe. Cela tient au fait que la plupart des mammifères sauvages vivent dans une zone géographique limitée et spécifique, qu'ils sont de grande taille par rapport aux autres animaux, et qu'ils mettent longtemps à devenir adulte et à se reproduire.

Les insectes

Bien que le réchauffement soit une catastrophe pour la plupart des animaux certains tireront néanmoins leur épingle du jeu. C'est, par exemple, le cas

LA MORT BLANCHE

Les récifs de coraux, déjà largement perturbés par la pollution, survivront-ils au réchauffement ? Le réchauffement des eaux et leur acidification par le CO_2 pourraient leur être fatals, ainsi que les épisodes météo extrêmes comme les cyclones et les perturbations du phénomène El Niño.
20 % des récifs coralliens sont déjà détruits, sans possibilité de rétablissement, un quart est menacé de destruction imminente et un autre quart le serait à plus long terme. Les récifs de coraux des Maldives sont, par exemple, déjà presque totalement détruits, ceux du Japon sont très endommagés. La grande barrière de corail australienne, pourtant inscrite au patrimoine de l'humanité, est elle aussi en péril.

Invasion de criquets *locusta migratoria* à Madagascar.

de nombreux insectes, animaux à sang froid, pour qui ce réchauffement sera très bénéfique. Le monarque africain, petit papillon aux ailes orange et noires, a entrepris de coloniser le sud de la France, le sphinx du caille-laix remonte désormais jusqu'en Grande-Bretagne. On pourrait multiplier les cas d'insectes observés depuis quelques années sous des latitudes où ils étaient naguère inconnus. On pourrait s'en réjouir, quoique… On devient vite moins enthousiastes, quand on pense aux moustiques vecteurs de virus, à la pyrale ou à la sésamie dont les larves s'attaquent à nos champs de maïs, au rhynchophore roux, gros charançon d'origine tropicale qui a colonisé le bassin méditerranéen, aux crickets qui déjà traversent la Méditerranée pour dévaster les cultures d'Europe du Sud !

Les plantes

Les plantes, comme chacun sait, se nourrissent principalement de soleil et de CO_2, et comme chacun le sait aussi désormais, ni l'un ni l'autre ne vont manquer dans un avenir proche. On pourrait donc penser que le réchauffement sera une bénédiction pour elles.

C'est en partie vrai, du moins dans un premier temps, parce qu'avec le CO_2, le milieu s'acidifie de plus en plus, et ça, les plantes aiment beaucoup moins. Ce n'est pas leur seul souci.

Grosso modo, les plantes se retrouvent confrontées à la même problématique que les animaux : pour bénéficier des conditions climatiques qui leur conviennent, elles vont devoir se déplacer, elles aussi, vers le nord ou en altitude. C'est ce qu'elles ont toujours fait durant les cycles glaciaires/interglaciaires. Seulement voilà, une fois encore, le réchauffement ira beaucoup trop vite. Et les plantes, elles, n'ont ni ailes, ni pattes. Elles se déplacent donc en se reproduisant de plus en plus loin de leur zone de répartition originelle, parfois avec l'aide des animaux. Si elles sont longues à parvenir à maturité et que leurs graines sont lourdes, leur vitesse de déplacement est très lente.

À ce jeu-là, les arbres sont lourdement pénalisés. Ils viennent à maturité très tardivement et ne peuvent pas compter sur le vent pour emporter des graines aussi lourdes que les glands ou les marrons. De plus, il reste de moins en moins d'animaux pour les transporter.

Culture dans le désert des Émirats Arabes Unis.

Page précédente: Habitations à palmiers dans le désert de Mauritanie.

Gros plan et vue panoramique....

Les biologistes nous disent qu'un réchauffement de 1 °C se traduit par un déplacement de l'aire de distribution des espèces végétales de 180 kilomètres vers les pôles et de 150 mètres en altitude. Si l'on se base sur les prévisions de réchauffement du GIEC, les plantes devraient donc parcourir entre 500 et 1 000 kilomètres d'ici la fin du siècle! Jamais notre planète n'a été le cadre d'un tel marathon.

Le top départ a déjà été donné, la course s'emballe et bien peu seront à l'arrivée. Mais qu'arrivera-t-il aux plantes qui resteront à la traîne? Malheur à elles, les voilà exposées à de trop fortes chaleurs, manquant d'eau, produisant de moins en moins de graines, attaquées par des ravageurs dont les rigueurs hivernales les débarrassaient autrefois ou par d'autres récemment débarqués des contrées du sud. Elles seront aussi victimes de bactéries, de parasites et de champignons qui se multiplient lorsqu'il fait chaud. D'autres seront emportées par l'érosion des sols ou deviendront la proie d'événements météo extrêmes ou d'incendies favorisés par les sécheresses !

On ne peut prédire avec précision ce qui restera de nos écosystèmes si le réchauffement atteint les 6 °C, où même si faisant preuve d'une grande sagesse l'humanité parvenait à limiter ce réchauffement à moins de 3 °C.

Toutefois, une chose est certaine, ce sera terrible! Je pourrais plaisanter sur l'indice de confiance d'une telle prévision, mais je vous avoue que le cœur n'y est pas.

L'agriculture

Les plantes que nous cultivons seront globalement confrontées aux mêmes problèmes que les plantes sauvages face au réchauffement. Elles ont toutefois un sacré atout: l'homme a besoin d'elles, il ne les laissera pas tomber. L'agriculteur les plantera là où les zones climatiques seront adéquates, il pourra compenser les sécheresses en arrosant et les défendre contre les nouveaux parasites... Elles ne seront donc pas menacées d'extinction. Ce sont les agriculteurs et les consommateurs qui paieront le prix du réchauffement.

Mais ce prix pourrait être très élevé en cas d'une adaptation inadéquate, même si les impacts du réchauffement pourraient être atténués par des mesures d'adaptation.

...des dunes de Sossusvlei (Namibie).

En raison du manque d'eau, les cultures, comme les populations, devront migrer du Sud au nord.

Des modes d'adaptation différents…

Cela étant dit, tous les agriculteurs ne seront pas égaux devant le réchauffement. Ceux des pays où l'agriculture est déjà difficile en raison du manque d'eau n'auront guère d'alternatives. Rien ne poussera plus sur leurs sols arides, pour eux s'adapter signifiera fuir ou mourir. À l'inverse, des régions du nord, comme la toundra où pas grand-chose ne poussait jusqu'ici, deviendront tellement fertiles qu'elles seront appelées à devenir le grenier de la planète à la fin de ce siècle ou au cours du suivant.

Une chose est sûre, aucun agriculteur au monde ne pourra plus cultiver la terre de la même façon que ses grands-parents. Avec le réchauffement global, il va falloir planter, cultiver et récolter autrement. L'adaptation consistera souvent à changer d'espèces cultivées. Ainsi, en France, le maïs laissera sans doute place à une plante moins gourmande en eau, comme le blé.

Les informations fournies par les modèles climatiques seront précieuses dans les secteurs où la récolte intervient longtemps après la plantation. C'est, par exemple, le cas des arbres fruitiers qui ne donnent leurs fruits qu'après une dizaine d'années, voire une vingtaine pour des espèces comme les oliviers. Et que dire de l'exploitation forestière avec des périodes de maturation de 50 ans pour les résineux et jusqu'à 150 ans pour les essences feuillues comme le chêne, l'acajou ou le palissandre ?

… et des menaces multiples

Les agriculteurs seront aussi confrontés à de nouveaux parasites comme, par exemple, la chenille processionnaire du pin qui remonte vers le nord et fait des ravages dans les conifères, ou encore certains champignons, comme le phytophtora, dont le développement est favorisé par le réchauffement.

Il leur faudra aussi combattre l'accroissement des mauvaises herbes, et compter avec celui de la demande en eau l'été, l'érosion des sols due aux précipitations accrues en automne et en hiver, les risques de mortalité et de baisse de fertilité dans les élevages d'animaux en raison de la chaleur estivale.

Les sylviculteurs, eux, seront menacés par les risques d'incendie de plus en plus élevés.

Un des pires cauchemars des paysans sera sans doute l'accroissement de la

Maïs abîmés par les intempéries et la sécheresse. Leur culture demande beaucoup d'eau.

Le dérèglement climatique impose plus d'attention de la part des professionnels de la vigne.

variabilité du climat. En effet, toutes les études s'accordent pour estimer que les écarts par rapport aux températures moyennes augmenteront au fil des décennies. Il fera souvent plus chaud que les normes saisonnières, mais cela ne nous épargnera pas des épisodes particulièrement rigoureux durant l'hiver, sans doute même plus rigoureux qu'aujourd'hui. Or, les cultures supportent très mal ces brusques sauts de températures. Dans bien des cas, l'adaptation sera donc douloureuse.

Le manque d'eau potable

Vous le savez désormais, le réchauffement bouleverse le cycle naturel de l'eau. Près de 2 milliards de personnes (1/3 de la population mondiale) vivent actuellement dans des pays victimes de stress hydrique. Dans moins de 20 ans, ce chiffre sera de 5 milliards.

Peu à peu, nos ressources en eau potable (sous terre et en surface) s'épuisent.

Plusieurs facteurs expliquent cette réduction. Le réchauffement accélère l'évaporation des lacs, augmente le pourcentage des précipitations sous forme de pluies au détriment des neiges qui autrefois stockaient l'eau jusqu'en été, favorise la désertification et diminue les précipitations estivales. En faisant monter le niveau des océans, il provoque la salinisation des nappes d'eau souterraines et, surtout, on l'a vu précédemment, le réchauffement fait fondre les glaciers. Quand on sait que, par exemple, 80 % des eaux du Gange proviennent des glaciers de l'Himalaya, on peut imaginer l'impact qu'aura l'assèchement du fleuve sacré sur les 40 millions de personnes qui en dépendent depuis les montagnes jusqu'à New Delhi. Les glaciers himalayens alimentent aussi le Brahmapoutre, qui prend sa source au Tibet et irrigue les plaines jusqu'au Bangladesh, ainsi que l'Indus, qui arrose les plaines agricoles du Pendjab et parcourt 3 200 kilomètres avant de se jeter en mer d'Arabie, au Pakistan, dont il est la principale ressource en eau potable.

La fonte irrémédiable des glaciers des Andes menace également la survie de millions de personnes qui en dépendent pour l'eau potable, l'agriculture et la fabrication d'énergie, notamment

ALERTE SUR LES VINS !

Conséquence du réchauffement, la date des vendanges a déjà avancé de 3 semaines en France. Une première depuis 500 ans ! Aujourd'hui, les vins évoluent et les cépages s'acclimatent ou changent. Avec plus de chaleur et de soleil, le degré d'alcool est plus important, mais la production plus faible est de meilleure qualité (comme du côté de Pézenas…). Mais les spécialistes s'inquiètent pour la qualité des vins à long terme. Les sécheresses ralentiront la croissance des plants et diminueront le stockage des sucres. Le réchauffement entraînera un déplacement des aires de distribution vers le nord. Les vignes y trouveront-elles des conditions équivalentes ? Comment concilier ce déplacement avec la notion de terroir ? Il se pourrait bien qu'à la fin du siècle, les amateurs de bon vin soient contraints d'aller le chercher en Angleterre ou en Allemagne !

Macaque crabier transporté par sa maîtresse pendant les inondations.

en Bolivie, en Équateur et au Pérou. De nombreux foyers de la région andine manquent déjà d'eau potable. Les capitales La Paz, Quito, et Lima vont manquer d'eau dans les décennies à venir. Une baisse progressive des ressources d'eau potable est également prévue en Afrique.

La montée des eaux

Le niveau des océans, je vous le rappelle, a déjà augmenté de 17 centimètres au cours du XXe siècle. Il ne s'arrêtera pas là. Le rythme de cette élévation ne cesse lui-même de s'amplifier. D'ici la fin du siècle, si nous ne faisons rien pour enrayer le réchauffement, le niveau des mers montera de plus de 50 centimètres. Cette élévation est due en partie à la dilatation thermique des eaux qui se sont réchauffées et prennent donc plus de place. Il est également dû à la fonte des glaciers. La fonte de la banquise, elle, joue un rôle négligeable puisque l'eau sous forme de glace prend plus de place qu'à l'état liquide.

Les calottes polaires du Groenland et de l'Antarctique ont, elles aussi, commencé à fondre ; leur contribution est encore modeste, mais d'ici quelques siècles, elles pourraient faire monter le niveau des océans de plusieurs mètres. Heureusement, nous n'en sommes pas là. Il n'empêche que 50 centimètres, ce n'est pas rien.

Sur toutes les côtes de la planète, y compris celles qui ne sont pas immédiatement submersibles, l'océan et les vagues de tempête causeront de plus en plus de dégâts.

En France, la montée des eaux entraînera un recul significatif du trait de côte, en particulier en Camargue et dans les lagunes du Languedoc.

Depuis plusieurs années, les Pays-Bas rehaussent le niveau de leurs digues. Hélas, cette solution n'est pas exportable partout.

Des déplacements de populations à prévoir

Il faut savoir que la majeure partie de la population mondiale vit dans les zones côtières. Les embouchures des fleuves et des deltas connaissent des densités particulièrement élevées sur des terrains bas et donc vulnérables. Dans le delta du Gange et du Brahmapoutre, la montée des eaux privera le Bangladesh d'une grande partie de ses terres et condamnera plusieurs dizaines de millions de

Enfants philippins jouant sur la terrasse de leur maison sur pilotis (Malaisie).

Tempête en mer menaçant une île du Bélize (Amérique centrale).

personnes à l'exil. Il en ira de même du delta du Nil où vivent aujourd'hui plus de 10 millions de personnes à moins d'1 mètre d'altitude. Idem pour le delta Zhujiang qui abrite les mégapoles de Hong-Kong, Macao et Guangzou, ainsi que pour le bassin de Shanghai.

Les grandes agglomérations des côtes africaines paieront, elles aussi, un lourd tribut. Au total, le GIEC estime qu'à la fin du siècle, ce sont 150 millions de personnes qui seront déplacées de force en raison de la montée du niveau des océans.

Des commissions de l'ONU planchent déjà sur l'établissement d'un statut de réfugié climatique. Cela n'est pas sans causer quelques tensions. Déjà, lors de la rédaction du dernier résumé du GIEC, les délégués américains, entre autres, ont fait pression pour remplacer le terme de «réfugié climatique» par celui de «migrant environnemental»!

L'enjeu est de taille car, à ces 150 millions de victimes de la montée des eaux, il faudra ajouter ceux qui seront chassés de chez eux par les sécheresses, la désertification, les famines et les crises économiques.

Les événements météo extrêmes

Lorsqu'un événement météo s'écarte largement des moyennes saisonnières, on le qualifie d'événement extrême. L'une des premières conclusions des climatologues est que, sous l'influence du changement climatique, ces événements augmenteront en fréquence et en intensité. Cette prévision s'est largement vérifiée depuis les premiers rapports. Même si ces événements sont rares par définition, ils n'en sont pas moins très problématiques. Ce sont, par exemple, les tempêtes, les épisodes de grands froids en hiver, les cyclones et les ouragans de plus en plus nombreux et de plus en plus violents. Mais ce sont aussi plus simplement les canicules, les précipitations intenses qui génèrent de vastes inondations ou de violentes chutes de neige causant des avalanches, etc.

Nous autres présentateurs météo aurons de plus en plus de mal à garder le sourire.

Ces épisodes ont un fort impact sur les systèmes naturels, sur la santé humaine et l'économie.

LA RÉPUBLIQUE DES TUVALU MENACÉE DE DISPARITION

L'élévation du niveau de la mer et les puissantes tornades ont déjà commencé à mettre l'archipel en péril. Les Tuvalu, l'un des plus petits États du monde, risquent de devenir inhabitables, voire de disparaître entièrement d'ici quelques décennies.
Ces îles du Pacifique Sud, réparties sur plus d'1,3 million de kilomètres carrés n'ont en effet qu'une altitude maximale de 4,5 mètres au-dessus du niveau de la mer.
À la demande de leur gouvernement, la Nouvelle-Zélande a accepté d'accueillir les habitants des Tuvalu lorsque l'évacuation sera inéluctable.
L'Australie, elle, a tout simplement refusé...

Soleil couchant sur l'Arc de Triomphe, avec une éclipse en haut de la plus belle avenue du monde (France).

Des infrastructures obsolètes

Tout le monde peut s'en douter, les normes de construction ne sont pas les mêmes à Moscou ou à Dakar. Les infrastructures de nos sociétés modernes sont construites en fonction d'un climat donné. Si ce climat change, elles ne sont plus adaptées.

Nos centrales nucléaires sont conçues en fonction des températures maximales et minimales observées localement. Mais, avec le réchauffement, ces conditions peuvent être dépassées. C'est ainsi que la chaleur et la diminution du débit des rivières a conduit à l'arrêt de nombreuses centrales nucléaires durant la canicule de 2003. De la même façon, une route, un pont, un hôpital ou un barrage sont conçus en fonction des normes climatiques connues. Avec le réchauffement, on entre dans l'inconnu.

Les climatologues du GIEC nous indiquent qu'à la fin du siècle, Paris «bénéficiera» sans doute du climat actuel de l'Andalousie. Si l'on s'accommode très bien de la chaleur dans le sud de l'Espagne, c'est parce que l'architecture s'y prête. Les bâtiments blancs renvoient la chaleur, l'air frais circule à travers les étroites ruelles et les patios. Mais les mêmes températures sous les toits de zinc des immeubles parisiens pourraient s'avérer fatales pour nombre de personnes. De même, les fondations des bâtiments publics et privés sont conçues pour une certaine fourchette de températures. Que l'on s'en éloigne et le béton risquerait de se fissurer, menaçant la sécurité des édifices..., que les rivières s'assèchent et les centrales hydroélectriques cesseront de fonctionner, l'irrigation des cultures devra cesser et l'eau potable manquera..., que leur débit augmente furieusement et les barrages seront menacés..., qu'elles sortent de leur lit et tout ce qui se trouve sur leur passage sera emporté ! Que les vents dépassent les prévisions et nombre de toits s'envoleront...

Décidément, nos sociétés sont très dépendantes du climat.

Que va-t-on faire de nos RTT ?

Nos destinations de loisirs sont souvent liées au climat. Mais il y a fort à parier que vous aurez peut-être moins envie de visiter le sud de l'Espagne (deuxième destination touristique mondiale après la France) quand le soleil y sera

CANICULE 2003 EN EUROPE

Durant l'été 2003, les températures en France atteignent 40 °C tandis que la Suisse se retrouve avec des conditions climatiques dignes d'un été habituel à Rio de Janeiro ! Avec près de 11 000 décès en France et 15 000 en Europe, c'est la catastrophe climatique la plus dévastatrice depuis 50 ans. 650 000 hectares de forêt ont été endommagés. Les récoltes ont chuté, les réacteurs nucléaires français ont connu des problèmes de refroidissement obligeant la France à réduire ses exportations électriques de moitié. Plusieurs écosystèmes aquatiques ont été gravement touchés et la masse des glaciers alpins a diminué de 10 %. L'impact financier de la canicule en Europe dépasse les 13 milliards d'euros.

Arbre en feu frappé par la foudre.

encore plus chaud qu'au Maghreb de nos jours.

Vous aimez le ski ? Malheureusement, d'ici quelques décennies la plupart des stations européennes devront fermer faute de neige. L'Allemagne sera la plus touchée. Que la température monte d'un seul degré et 60 % de son domaine skiable aura fondu. En France, seules les stations de hautes altitudes survivront. Les banques refusent d'ailleurs déjà d'accorder des prêts aux stations situées en dessous de 1 500 mètres d'altitude.

Vous préférez la pêche ? Aïe ! Il va falloir vous armer de patience parce que les poissons vont se faire de plus en plus rares.

Une petite balade en forêt ? Attention au risque d'incendie et ne vous étonnez pas si les plus vieux arbres ont disparu.

Alors quoi ? Un voyage vers des destinations tropicales ? Vous rêvez, l'avion émet bien trop de GES !

Vous êtes, comme je l'ai été, un passionné de 4x4 ? Houlà ! ... Il va falloir, à votre tour, arrêter rapidement cette dangereuse addiction qui menace la vie des générations futures.

Bref ! Vous l'avez compris, on ne se divertira plus exactement de la même façon à la fin du siècle.

Tant qu'on a la santé...

« Mieux vaut être riche et bien portant que pauvre et malade. »

Le réchauffement climatique ne changera pas cet adage, bien au contraire.

L'un des premiers paramètres affectant la santé humaine sera la malnutrition qui fera des millions de victimes dans les pays pauvres.

Viennent ensuite les événements météo extrêmes comme, par exemple, les ouragans sous les tropiques, les cyclones qui remonteront de plus en plus vers le nord, les moussons diluviennes, les tempêtes, les glissements de terrain et les inondations qui pourront aussi favoriser des épidémies diverses.

Les vagues de chaleur feront davantage de victimes, en été, chez les personnes âgées, mais la mortalité sera réduite en hiver grâce à la douceur des températures. Le bilan entre ces deux processus n'est pas le même selon les zones géographiques, mais la surmortalité estivale l'emportera dans la plupart des régions.

Le flux migratoire... des maladies !

■ **Avec le déplacement de l'aire de répartition des animaux vecteurs de virus**, la cartographie de certaines

Distribution du courrier pendant les inondations.

Pollen de pin déposé sur le bord d'un lac de montagne.

maladies sera notablement modifiée. C'est, par exemple, le cas de certaines espèces de rongeurs, mouches, tiques, puces ou moustiques qui sont les réservoirs du paludisme, de la fièvre jaune ou de celle du Nil, récemment débarquée en Europe, ou encore de la dengue qui commence déjà à coloniser le sud des États-Unis.

Il est, en réalité, difficile d'estimer si le déplacement d'une maladie comme le paludisme créera une surmortalité, car des zones actuellement contaminées ne le seront plus, le moustique anophèle ne pouvant se reproduire au-dessus d'une certaine température. Pour autant, il semblerait que, pour l'instant, la balance ne penche pas en notre faveur…

■ **Il faudra aussi compter avec les pollens allergiques favorisés par le réchauffement climatique**, de même qu'avec les microbes, les bactéries et les virus à qui la hausse des températures fournira un bouillon de culture idéal. Certains spécialistes estiment que le réchauffement augmentera la mutation des virus et la probabilité d'apparition de nouveaux contre lesquels les populations humaines ou animales n'ont aucune défense.

■ **Selon, l'OMS, l'augmentation de l'ozone dans l'atmosphère pourrait avoir des effets redoutables sur les maladies respiratoires comme l'asthme**. Par ailleurs, les maladies liées à la climatisation, comme la légionellose, augmenteront significativement, ainsi les intoxications alimentaires, comme la salmonelle qui est provoquée par la rupture de la chaîne du froid. Les cancers de la peau seront aussi en augmentation, en partie à cause du réchauffement et du trou de la couche d'ozone.

Crise climatique et crise économique

La croissance économique, on l'a vu, est un des premiers moteurs du réchauffement climatique, principalement parce qu'elle s'appuie sur une énergie bon marché, celle des carburants d'origine fossile. Cependant, il n'est pas nécessaire d'être un grand économiste pour deviner que ce réchauffement va nous coûter cher.

Qui paiera la facture ?

Pour l'instant cette facture se partage entre les États et les assurances qui répercutent les coûts sur leurs clients

L'HERBE À PUCE

L'herbe à puce, ou *Toxicodendron radicans,* est une plante vivace commune que l'on trouve en forêt ou sur le bord des routes. Sa sève contient un allergène, l'urushiol, qui provoque des inflammations de la peau accompagnées de rougeurs et parfois de cloques.
Des chercheurs du Massachusetts ont exposé cette plante à un taux de CO_2 de 580 ppm (celui de l'atmosphère d'ici une quarantaine d'années) et ont constaté qu'elle poussait 1,5 fois plus vite. Mais l'augmentation du taux de CO_2 dans l'atmosphère ne se contente pas de faciliter la prolifération de ces plantes, la teneur en carbone favorise aussi une réaction chimique qui transforme l'urushiol en un poison beaucoup plus irritant et allergène.

Tempête en mer devant la gare de Mers-les-Bains, en Picardie (France).

(vous et moi, entre autres). Mais cela ne pourra pas durer éternellement car l'augmentation de ces coûts sera proportionnelle à celle des températures et il est à craindre que le secteur des assurances ne soit l'un des premiers à faire faillite au niveau mondial. Cette faillite n'arrangerait pas les affaires de nombreux autres secteurs qui pourraient être à leur tour menacés.

La facture des événements extrêmes n'est pas la seule que le réchauffement présentera à l'humanité. De nombreux secteurs seront touchés. Il faudra s'attendre à une forte baisse de productivité dans les domaines de l'agriculture, de la viticulture, de l'élevage, de la pêche, et de la sylviculture...

L'inadaptation des infrastructures aura aussi de sévères répercussions économiques, l'habitat deviendra inadapté si rapidement que l'immobilier ne pourra pas suivre. Des quartiers très côtés aujourd'hui verront leur valeur s'effondrer brutalement.

De même, les secteurs énergétiques seront lourdement pénalisés. Les industries qui en dépendent connaîtront aussi de lourdes pertes. Le tourisme ne sera pas épargné par la crise. Par exemple, au niveau d'un pays comme la France, la disparition de certaines stations de ski menace l'emploi de milliers de gens. La disparition d'un site comme la grande barrière de corail privera l'Australie d'un chiffre d'affaire de 5 milliards d'euros.

Les centaines de millions de réfugiés climatiques seront aussi un poids énorme pour l'économie, ils risquent de déstabiliser certains États dont l'économie s'effondrera en retour.

Et comment se comportera le système boursier international face à tous ces désastres ? Quand on voit comment des événements, somme toute encore assez mineurs, peuvent affoler les places boursières, on est véritablement en droit de s'inquiéter.

Rétroaction positive ou négative ?

L'économie face au réchauffement, c'est un peu comme la physique des nuages, c'est plein de rétroactions positives !

Il y a cependant une rétroaction négative. Et elle pourrait peser lourd ; c'est le fait que, globalement, le grand capital est déjà conscient de la menace que le réchauffement fait peser sur ses intérêts. Ce n'est pas un hasard si de nombreuses entreprises américaines ont créé entre eux une sorte de bourse du carbone afin de ne pas trop se laisser distancer dans la course contre le réchauffement.

Heureusement, nombreux sont les groupes financiers qui s'impliquent désormais dans la lutte contre le réchauffement. D'autant que cette attitude est largement valorisante en terme d'image de marque.

1 ouragan à 135 milliards d'euros (Katrina), 1 canicule à 13 milliards d'euros, des tempêtes à 8 milliards d'euros (2003), des inondations européennes à 12 milliards d'euros (2002), 1 typhon en Corée du Sud à 6 milliards de dollars (2003), des glissements de terrains, des avalanches..., vous l'avez compris, la facture des événements extrêmes sera extrêmement salée.

Page précédente: Tempête de sable en Chine.

Les ravages de l'ouragan Katrina à Gulfport (États-Unis).

Les conclusions du rapport Stern

Encore une fois, «il vaut mieux être riche et bien portant que…». Économiste de renom et ancien président de la Banque mondiale, Nicholas Stern estime que les pays pauvres seront les premiers et les plus sévèrement touchés. L'Inde, la Chine et l'Amérique andine subiront le plus violemment les conséquences du réchauffement climatique sur l'économie. Ce qui s'explique de plusieurs façons:
– d'abord parce que les pays les plus pauvres dépendent essentiellement de l'agriculture,
– ensuite, parce que les pays du Sud font déjà face à des conditions climatiques difficiles et aussi parce qu'ils n'ont pas les moyens financiers et techniques de s'adapter.

Mais les pays riches ne sont évidemment pas à l'abri. Ainsi, l'Australie devrait perdre 40 % de ses vignes d'ici 2050. Ce n'est pas rien lorsqu'on sait que la viticulture est le secteur qui connaît la plus forte croissance de l'économie australienne.

Selon Nicholas Stern, le coût sur 10 ans du changement climatique serait, au plan mondial, de 5 500 milliards d'euros si l'on ne fait rien! Il estime néanmoins qu'en consacrant 1 % du produit national annuel de la planète, soit près de 275 milliards d'euros sur 10 ans, à la réduction de la production des gaz à effet de serre (GES) et des autres facteurs de réchauffement, le réchauffement pourrait être largement atténué. L'économiste suggère que les pays industrialisés, largement responsables de la crise climatique, paient davantage que leur quote-part de 1 % de PIB.

Politique et réchauffement

Vous l'avez compris, il n'y a pas plus injuste que le réchauffement climatique. Comme on dit aujourd'hui: «Les riches polluent, les pauvres trinquent.» Il faudrait être aveugles pour ne pas prévoir là un motif de vives tensions internationales. Déjà des voix s'élèvent pour protester contre cette injustice. Le Premier ministre des Tuvalu a récemment déclaré aux Nations unies que le réchauffement de la planète constituait une menace qui s'apparente à une «forme de terrorisme lente et insidieuse». Des personnalités officielles de La Paz (Bolivie) ont déclaré que les pays riches devraient créer un budget mondial pour dédommager les nations pauvres des effets du réchauffement climatique. Des réactions au comportement, entre autres, des États-Unis qui émettent à eux seuls 25 % des GES, pour moins de 5 % de la population de la planète.

Guerres…

Outre des conflits entre États, cette situation pourrait créer un tel ressentiment parmi les populations les plus touchées qu'une dérive terroriste serait à craindre.

Le problème des centaines de millions de réfugiés climatiques sera bien évidem-

À titre de comparaison, le 1 % du produit national brut mondial qui pourrait être consacré à la réduction de gaz à effet de serre équivaut aux dépenses publicitaires mondiales.

VA

Parfois, l'image d'un désert semble venir d'une autre planète. Une planète hostile et sans vie…

ment lui aussi un sévère motif de tensions entre les États. Même si on devait continuer à les appeler hypocritement des « migrants environnementaux », il faudra bien leur trouver une place.

Si de nos jours la plupart des conflits armés de la planète sont liés aux énergies fossiles, c'est l'accès à l'eau qui sera demain l'objet de toutes les convoitises et de nombreuses guerres.

La plupart des grandes puissances militaires manqueront d'eau, les petits pays aussi… Il y a là matière à de mauvais scénarios de politique-fiction. D'autant que des crises économiques à répétition pourraient remettre en cause la stabilité de nombreux régimes.

…et paix ?

D'évidence, le réchauffement est un facteur d'instabilité politique, mais d'un autre côté, cette évidence est telle que la communauté internationale est obligée d'en tenir compte. Jamais auparavant le monde politique n'avait fait un tel cas d'un problème scientifique. Les réunions internationales ont déjà été nombreuses, c'est un signe positif, même si pour l'instant les nations peinent encore à s'entendre sur les mesures à prendre et sur leur mode de financement. Dans la lutte contre le réchauffement, une voie s'est entrouverte vers plus de justice entre les États.

Sans doute est-ce un peu naïf, mais l'on pourrait considérer que le réchauffement climatique est porteur d'espoir à long terme, puisqu'il conditionne finalement la survie de l'humanité à un changement radical de mentalité.

LE DÉVELOPPEMENT DURABLE

« Le développement durable est un développement qui répond aux besoins du présent sans compromettre la capacité des générations futures de répondre aux leurs. »

Les objectifs du développement durable sont de repenser les rapports des humains entre eux et avec la nature, et de s'interroger sur notre mode de développement qui laisse une grande partie de l'humanité dans la pauvreté.

Le chapitre précédent vous a sans doute laissé quelque peu abattus... Normal ! La prise de conscience du dérèglement climatique est traumatisante (c'est un peu comme s'assoupir au volant d'une voiture et ouvrir soudain les yeux face à un mur qui se rapproche à toute vitesse !). Le premier réflexe, c'est la panique. Mais rassurez-vous, il est encore temps de freiner !

Page précédente :
Une fenêtre ouverte...
sur le développement durable.

Ce n'est plus demain
mais aujourd'hui
que la Chine s'éveille !

L'action au niveau international

Les quotas de Kyoto...

Le protocole de Kyoto prévoit que les pays en voie de développement, comme par exemple, l'Inde et la Chine, ne sont pas tenus, dans un premier temps, de réduire leurs émissions de gaz à effet de serre, car leur contribution au taux de CO_2 dans l'atmosphère a été, jusqu'ici, très réduite. Les USA sont opposés à cette exonération, en estimant que la réduction de leurs propres GES augmenterait les coûts énergétiques et entraînerait la délocalisation des emplois américains vers des pays comme l'Inde et la Chine.

Cette objection pourrait s'entendre si l'on ne tenait pas compte du taux d'émission de CO_2 par habitant : 1,2 tonne de CO_2 est émise par personne et par an en Inde, 3 tonnes en Chine, contre 7,5 tonnes en France, 11 tonnes en Europe, et 25 tonnes aux États-Unis !

Et après...

Les engagements des États sont très en dessous des enjeux du réchauffement climatique. Pour éviter le pire, on sait désormais que nous devons maintenir le réchauffement en dessous de 2 C° par rapport à la température d'avant l'ère industrielle. Pour y parvenir, il faudrait que les pays riches réduisent leurs émissions d'au moins 80 % avant 2050 !

À l'heure actuelle, les membres de l'Union européenne parlent d'un objectif de réduction de 30 % d'ici à 2020...

LA BANQUE DU CARBONE

OU COMMENT AIDER LES PAYS EN VOIE DE DÉVELOPPEMENT EN LEUR ACHETANT LEUR DROIT À ÉMETTRE DU CO_2.

Entré en vigueur au 1er janvier 2005, le système d'échanges de quotas de l'Union européenne doit permettre de réduire de 8 % les émissions de CO_2 d'ici à la fin 2012, conformément au protocole de Kyoto. Le marché mondial du carbone a triplé en 2006 pour atteindre 30 milliards de dollars contre 10 milliards en 2005, selon les statistiques de la Banque mondiale. Malgré une chute vertigineuse du prix de la tonne de CO_2, passé d'une vingtaine d'euros à environ 1 euro en 2006, en raison de quotas trop généreux, les statistiques de la Banque mondiale montrent que le marché a bel et bien été dominé par la vente et la revente de permis d'émission pour une valeur approchant les 25 milliards de dollars. Le marché, axé sur des projets dans les pays en développement et dans les pays avec des économies en transition, a enregistré, quant à lui, une forte croissance à 5 milliards de dollars en 2006, soit plus du double de l'année précédente. Le marché du carbone est devenu un catalyseur important pour lever des flux financiers non négligeables en vue de développer une énergie propre dans les pays en voie de développement.

Le bois dégage du CO_2 en brûlant, parce qu'il en absorbe en se développant, mais il reste une énergie renouvelable si on exploite bien la forêt.

Comment agir au niveau collectif ?

Les différentes sources d'énergie

D'évidence, nous avons commis une bien grosse erreur en basant notre développement sur «les énergies fossiles». Celles dont la transformation de matières organiques en pétrole, gaz ou charbon, nécessitent plusieurs millions d'années.

Aujourd'hui, pour réduire les gaz à effet de serre, nous devons mieux choisir nos sources d'énergie et n'utiliser que celles qui se renouvellent assez vite et sont donc inépuisables à l'échelle humaine: celles que nous appelons «les énergies renouvelables». Le fait qu'une énergie soit renouvelable dépend bien évidemment du rythme à laquelle on l'utilise. Ainsi, le bois n'est une énergie renouvelable que dans la mesure où l'on ne coupe pas plus d'arbres qu'il n'en pousse...

Bien sûr, il n'est pas imaginable de se passer, du jour au lendemain, de ces énergies dangereuses pour l'avenir de l'homme, sans provoquer une récession économique immédiate et plonger des milliards d'êtres humains dans la misère et la famine. Le remplacement par des énergies renouvelables et non polluantes doit se faire en douceur. Mais attention, plus nous tarderons, plus l'adaptation dans l'urgence risque d'être douloureuse...

La biomasse

La biomasse est la première énergie renouvelable au monde. Elle provient du rayonnement solaire stocké par la matière organique. On l'utilise de trois façons différentes.

■ **En tant que combustible**. C'est par exemple la biomasse sèche (bois, paille, résidus forestiers...) ou les déchets organiques qui peuvent être brûlés dans des chaudières, souvent pour le chauffage des collectivités. Ce combustible rejette beaucoup moins de gaz à effet de serre que les carburants fossiles, il est renouvelable, supprime les décharges en valorisant les déchets et permet de rajeunir les forêts par des coupes régulières.

■ **En tant que carburant**. La source la plus importante vient de la fermentation de sous-produits des sucreries (betterave, canne à sucre). Cette fermen-

Champ de blé. L'agriculture fait partie de la biomasse qui peut servir d'énergie renouvelable.

On peut faire du carburant propre avec la fermentation de la betterave.

tation produit du bioéthanol qui sert de base à la fabrication des biocarburants. On utilise aussi le maïs, le blé ou les topinambours qui contiennent également des sucres. Les plantes oléagineuses (soja, colza, tournesol, arachide, huile de palme) permettent, elles aussi, de produire des biocarburants que l'on mélange ensuite au gazole (5 à 20 %) pour limiter la pollution des véhicules utilitaires (camions, bus, tracteurs...).

Les biocarburants représentent une bonne solution d'appoint ou temporaire, mais certainement pas la solution miracle. Si l'on comptait sur eux pour faire tourner le parc automobile mondial, il faudrait alors cultiver une surface égale à huit fois celle de la planète ! Par ailleurs, les cultures produisant de l'huile de palme sont responsables de la destruction des forêts indonésiennes qui, auparavant, absorbaient les gaz à effet de serre. Et puis, ce serait pour le moins cynique de faire tourner sa voiture avec du blé ou du maïs alors qu'ailleurs des gens meurent de faim faute de pouvoir en acheter. Quelle société pourrait tolérer que les cultures destinées aux biocarburants entrent en concurrence avec celles qui nourrissent une large proportion de l'humanité ?

■ **En tant que gaz**. Ce biogaz n'est autre que le fameux méthane que vous connaissez bien maintenant. Il est obtenu par la fermentation des résidus de matières organiques végétales ou animales (fumiers, lisiers, boues d'épuration, déchets verts après compostage). Ce méthane, qui d'ordinaire se répand dans l'atmosphère, est récupéré, purifié, puis utilisé comme combustible pour produire de la chaleur, de l'électricité ou pour alimenter les véhicules. Son utilisation est encore marginale en raison des contraintes techniques et financières de purification et de stockage. Cela devrait néanmoins évoluer rapidement...

Avis d'orage sur les barrages

■ **L'énergie hydroélectrique** est fournie par l'écoulement de l'eau qui actionne des turbines. Jusqu'à il y a peu, on pensait qu'il s'agissait d'une énergie propre. Mais on s'est aperçu que lorsqu'on inonde des terrains, la biomasse de ces derniers se retrouve piégée sous les eaux, puis se décompose en émettant non seulement du $C0_2$, mais aussi, et en particulier sous les tropiques, de grandes quantités de méthane !

Pont sur le barrage hydraulique du Canfranc dans la vallée d'Aragon (Espagne).

Le solaire, comme l'éolien, se développe très rapidement. Des énergies renouvelables et pas chères.

Selon une récente étude brésilienne, les barrages en produiraient en moyenne 104 millions de tonnes par an. Ce qui représenterait la plus grande source de méthane d'origine anthropique, soit 4 % des gaz à effet de serre.

Des études réalisées au Canada tendraient à montrer que les zones boréales seraient exemptes de ce problème grâce à la rigueur de leurs températures. À l'inverse, en zone tropicale, il semblerait que certains barrages dégagent plus de GES qu'une centrale thermique au charbon pour une puissance équivalente !

O sole mio...

Il existe différentes technologies pour capter l'énergie solaire.

▪ **L'énergie solaire photovoltaïque** produit de l'électricité grâce à des capteurs en silicium ou autre matériau semi-conducteur qui génèrent une tension électrique sous l'effet du rayonnement solaire. C'est le principe utilisé par de nombreux petits objets dans lesquels sont insérées des cellules photovoltaïques (calculatrices de poche, torches, lampes de jardin, radioréveils...) .

Des panneaux solaires peuvent être utilisés par des centrales électriques, ou même chez des particuliers qui fabriquent ainsi leur propre électricité. Ces dernières années, le coût de l'investissement a beaucoup baissé et les rendements se sont largement améliorés. Compte tenu de l'augmentation du prix de l'énergie, le solaire photovoltaïque devrait se développer rapidement dans les années à venir.

▪ **L'énergie solaire thermique** est la transformation du rayonnement solaire en chaleur. On peut utiliser cette chaleur, par exemple, grâce à un chauffe-eau solaire placé sur le toit. Ce simple procédé permettrait d'assurer la moitié de nos besoins d'eau chaude et d'assurer en partie le chauffage de bâtiments par des planchers chauffants.

On peut aussi utiliser indirectement la chaleur du soleil pour produire de l'énergie électrique. C'est ce qu'on appelle le solaire thermodynamique. Le principe est de concentrer les rayons solaires sur un point précis grâce à des miroirs. La chaleur ainsi produite permet de porter de l'eau à très haute température, générant de la vapeur qu'on utilise pour faire tourner des turbines électriques. Les centrales thermodynamiques sont encore rares, mais la construction de plusieurs d'entre elles est en cours.

Panneaux solaires photovoltaïques sur le toit d'une maison privée en Allemagne.

En Islande, on produit de l'énergie géothermique. Et, en plus, le bain d'eau chaude est gratuit.

■ **L'énergie solaire passive** permet de chauffer directement les bâtiments grâce à des matériaux de construction appropriés (brique crue, panneaux de chanvre, laine de mouton, etc.) et une architecture adaptée (façades doubles, orientation vers le sud, surfaces vitrées, circulation d'air, etc.)

Voyage au centre de la Terre

Sous terre, la radioactivité naturelle des roches produit de la chaleur: c'est l'énergie géothermique (les Romains, les Ottomans et les Chinois l'utilisaient déjà dans l'Antiquité). Cette chaleur peut être utilisée telle quelle ou convertie en électricité:

– la géothermie à très basse énergie récupère la chaleur du sol (10 à 30 °C), grâce à un long tube enterré à faible profondeur et d'une pompe à chaleur. C'est une solution adaptée aux maisons individuelles.

– la géothermie à basse énergie sert à produire de la chaleur. Elle est tirée de gisements d'eau chaude situés entre 1 500 et 2 500 mètres de profondeur avec des températures d'eau comprises entre 30 °C et 100 °C. Elle est utilisée principalement pour le chauffage des collectivités.

– la géothermie à haute énergie sert à la production d'électricité. Elle est tirée de sources thermales très chaudes ou de forages profonds dans lesquels on injecte de l'eau sous pression.

Le débit de l'eau...

70 % de notre planète est recouverte d'eau, et cette eau est pleine d'énergie. Il existe différents moyens d'exploiter cet énorme potentiel

■ **L'énergie hydroélectrique** est la transformation de l'énergie mécanique d'un courant (rivières, chutes d'eau, courants marins...) en électricité. En France, les centrales hydrauliques produisent environ 14 % de notre électricité. C'est une énergie renouvelable par excellence, mais pas toujours propre, souvenez-vous des barrages tropicaux.

■ **La thalasso-énergie** est dégagée par la houle et les vagues. Plusieurs petites centrales existent déjà. Différentes technologies sont déjà exploitées pour capter l'énergie des vagues sur les côtes, et celle de la houle au large. C'est un secteur très prometteur.

■ **L'énergie «maréthermique»** est produite par la différence de température entre les eaux superficielles (chaudes) et les eaux profondes (froides) des océans. Cette technologie est encore à l'état d'étude.

LES ÉMISSIONS DE GES EN FRANCE PAR SECTEURS

Le secteur des transports émet le plus de GES en France et ses émissions ont le plus augmenté depuis 1990: elles atteignent actuellement 26,5 % des émissions totales. Viennent ensuite l'industrie (jadis dans le haut du tableau), qui s'est largement améliorée pour descendre à 20,7 %, puis l'agriculture avec, notamment, le méthane et le dioxyde d'azote (18,6 %), suivies par le bâtiment qui ne cesse lui aussi d'augmenter ses émissions pour atteindre 18,5 %, la production d'énergie (12,7 %) et, enfin, le traitement des déchets (2,5 %).

Éoliennes.
Le dieu antique Éole a donné son nom à ces moulins modernes, il faut s'y habituer...

Vent d'ouest, force 7

L'énergie éolienne, renouvelable et propre, est celle qui connaît la plus forte croissance au monde, plus particulièrement en Europe et encore davantage en France qui tente de rattraper son retard en la matière. Aujourd'hui, l'énergie éolienne produit 1 % de l'électricité produite dans le monde.

Ils sont assez nombreux ceux qui reprochent aux éoliennes leur aspect peu esthétique, leurs nuisances sonores et environnementales ou le danger qu'elles pourraient faire peser sur les habitations en cas de fortes tempêtes.

Pour toutes ces raisons, et parce que le vent en mer est plus fort, il faut s'attendre à une progression importante de l'éolien offshore (au large des côtes).

Et le nucléaire...

L'énergie nucléaire issue de la fission des atomes d'uranium n'est pas une énergie renouvelable, puisque les réserves mondiales d'uranium sont limitées. Ce n'est pas non plus une énergie tout à fait propre, même si c'est la moins pire à l'heure actuelle, puisqu'elle produit 4 % de déchets après retraitement, dont la radioactivité représentera un danger potentiel durant des millénaires. Mais cette énergie possède un énorme avantage, elle n'émet pas de gaz à effet de serre. Et il faut savoir qu'1 gramme d'uranium produit autant d'énergie qu'1 tonne de pétrole.

Il faut préciser aussi que l'uranium 235 utilisé dans les centrales actuelles n'est pas optimisé. Seul l'uranium naturel 238 utilisé dans les réacteurs surgénérateurs (Super Phénix) permet une utilisation rationnelle et à long terme... supérieure à 1 500 ans avec les réserves actuelles.

Dans l'avenir, pour prendre le relais, on mise beaucoup sur la fusion atomique (et non plus sur la fission) dans laquelle le combustible serait l'isotope de l'oxygène, présent en quantité infinie à l'échelle humaine dans l'eau des océans. Ce qui ferait du nucléaire (si ça fonctionne) une énergie renouvelable, incontestablement plus propre que le nucléaire actuel. Mais on n'en est pas encore là...

Malgré ces fumées anxiogènes, le nucléaire ne rejette pas de gaz à effet de serre dans l'atmosphère.

大阪臨海線
Osaka-rinkai-sen
29
29
和歌山
Wakayama
大阪
Osaka
204
34
200m
40
三協アルミサッシ
らぴーと

Page précédente : usine en plein milieu d'un centre urbain... No comment !

Rejets près d'une usine. Pollution et émissions de gaz à effet de serre vont souvent de pair dans l'industrie.

Comment agir au niveau industriel ?

L'industrie produit 35 % des gaz à effet de serre sur la planète. Beaucoup moins en France, seulement 20,7 %, car notre industrie utilise de l'électricité nucléaire. Dans le monde, les industriels des pays développés s'adaptent peu à peu aux contraintes économiques, législatives et administratives. Cela entraîne une diminution des émissions de gaz à effet de serre, mais au prix parfois de délocalisation dans des pays en développement.

Comment utiliser le carbone

L'utilisation la plus connue est l'injection de CO_2 dans les puits, ce qui augmente de 20 % le taux de récupération du pétrole. Cette technique de récupération assistée est essentiellement développée au Texas.

- **Dans l'industrie chimique**, le gaz carbonique est utilisé pour la synthèse de produits (pour faire des engrais).
- **Dans l'alimentation**, le gaz carbonique sert à gazéifier les boissons, ou comme fluide réfrigérant pour la conservation des aliments.
- **Dans l'électronique**, comme refroidisseur pour les appareils, entre autres.
- **Dans l'industrie pharmaceutique**, le CO_2 est utilisé pour des synthèses chimiques et le traitement des eaux usées.
- **Dans l'industrie du papier**, pour l'ajustement de l'acidité après lavage des pulpes avec des produits alcalins.
- **Dans la sidérurgie**, pour le traitement des fumées ou les fours électriques à arc pour le traitement des métaux.
- **Dans le traitement des déchets** pour contrôler le pH des effluents liquides.
- **Dans les extincteurs**, sous forme de neige carbonique.
- **Dans les transports**, en privilégiant le ferroutage, surtout en France, car l'électricité qui propulse les trains est en grande partie d'origine nucléaire et ne produit pas de gaz carbonique en aussi grande quantité que les camions.

D'après René Ducroux, la consommation mondiale de CO_2 par l'industrie est de l'ordre de 150 millions de tonnes, mais celui utilisé actuellement provient majoritairement de gisements naturels et non d'usines de capture industrielle, elle est donc sans effet pour le moment sur la réduction des émissions.

Les camions polluent et sont dangereux, même si les routiers sont sympas. Vive le ferroutage et le transport fluvial, une péniche de granulats transporte autant que 180 camions...

Paysan et sa production. Acheter local évite le transport par avion ou camion et, en plus, c'est frais, donc meilleur !

Comment agir au niveau individuel ?

Voyons maintenant comment tout un chacun, au quotidien et par de petits gestes, peut limiter ce réchauffement provoqué par notre mode de vie. Si tous les citoyens limitent leurs émissions de gaz à effet de serre, tout le monde bénéficiera du résultat sur le climat, même sans y avoir contribué personnellement de façon drastique.

L'important est de lutter contre le réchauffement avec sincérité, d'en tirer la leçon, de comprendre que le mode de vie de notre société est périmé. C'est essentiel, plus que d'économiser l'eau des nouilles une fois de temps en temps ou de couper l'eau en se lavant les dents… Peut-être ce livre suscitera-t-il cette envie…

À pied, à cheval ou en voiture…

En France, le secteur des transports est désormais celui qui émet le plus de gaz à effet de serre. Comment changer cela.

Les règles de base :

– il faut privilégier le train, le bateau ou l'autocar au détriment de l'avion. Sachez qu'un voyage aérien de quelques heures dépassera rapidement toutes vos autres émissions additionnées sur l'espace d'un an, voire deux ou trois, selon les destinations ;

– si vous avez une voiture, essayez chaque fois que c'est possible de lui préférer le vélo ou la marche à pied, l'autobus ou le train ;

– lorsque vous achetez votre véhicule, renseignez-vous sur son impact climatique, et tenez davantage compte de ce facteur que de sa rapidité ou de son look.

À table !

Lors de vos achats, privilégiez les produits locaux. Ce n'est pas raisonnable qu'un fruit fasse le tour de la planète avant d'être croqué (en plus, il a perdu la plupart de ses qualités énergétiques). Évitez les produits conditionnés en portions individuelles. Sachez en outre que certains aliments sont plus dommageables que d'autres pour le climat. C'est le cas de la viande et en particulier du bœuf, mais aussi celui du riz (rizière = méthane).

Quelques gestes simples vous permettront de diviser vos émissions par deux, voire par quatre, lors de la cuisson.

Les règles de base :

– pensez à mettre un couvercle sur vos casseroles ;

– pour faire cuire des pâtes, du riz ou des légumes, n'utilisez pas plus d'eau que nécessaire ;

CALCULER SON EMPREINTE CLIMATIQUE

Si vous avez accès à Internet, calculez donc votre empreinte climatique. N'importe quel moteur de recherche sur lequel vous taperez l'entrée « empreinte climatique » vous aiguillonnera facilement vers l'un des nombreux sites qui proposent cette fonction. Cela ne vous prendra que quelques minutes et vous comprendrez vite pourquoi votre mode de vie n'est plus compatible avec la survie de l'espèce humaine.